Ismurnee

Graham

Ryan

Adam 에게

감사의 말 Acknowledgements

Anthony Hunt와의 디자인 워크샵을 장려해준
싱가포르 국립대학교 건축학부와,
구조 워크샵 지도를 위해
나를 초청한 이즈미르 경제대학교의
미술디자인학부에 감사를 전한다.

Anthony Hunt, Brendon McNiven, Gulsum Nalbantoglu,
Gül Kacmaz Erk, Selma Göker, Fevzi Tavus,
그리고 나의 동료들의 격려와 지지에 감사를 전한다.

마지막으로 말하지만 똑같이 고마운 이들로서,
최선을 다해준 나의 학생들에게 감사를 전한다.

건축에서의 편심구조
eccentric structures in architecture

저자 Joseph Lim
역자 조순익(blog.daum.net/artsonic)

1판 1쇄 2010년 10월 20일

발행인 **김기현**
발행처 **시공문화사**
등 록 1993년 3월 12일
주 소 서울시 서대문구 현저동 200 극동빌딩 5층(120-796)
전 화 02) 3147-1212, 2323
전 송 02) 3147-2626
ISBN 978-89-5592-172-4
http://www.spacetime.co.kr, spacetime@korea.com

편 집 Design_Battery
인 쇄 예림인쇄사
제 본 한진제본
용 지 대림지업(주)

정가 9,800원

건축에서의 편심구조

ECCENTRIC STRUCTURES IN ARCHITECTURE

조셉 림(Joseph Lim) 지음

조순익 옮김

편심구조 ECCENTRIC STRUCTURES

편심하중Eccentric Load: 한 구조 부재의 단면 중심이 아닌 어떤 지점에 작용하는 하중

구조 형식의 논리에서, 하중들의 위치는 한 구조부재가 변형되는 방식에 영향을 준다. 엔지니어는 단지 강도를 키우려고 어떤 부재의 크기를 늘리지만은 않는데, 추가된 재료가 하중을 늘려 더 큰 하중을 유도하는 순환적인 연쇄반응을 일으키기 때문이다. 대신 엔지니어는 어떤 한 부재에 집중되는 응력을 분산시킴으로써 하중을 분담할 여러 부재들의 강성stiffness을 늘리려고 시도한다. 여기서 말하는 강성은 보강bracing 부재들의 기하 형상에 따라 달라진다. 따라서 힘의 경로들은 구조 미학에서의 기하학적 논리를 갖는다. 하지만 반실증주의적anti-positivistic 건축을 따라 작업할 때에는 구조적인 논리에 무슨 일이 일어날까?

렘 콜하스Rem Koolhas는 세실 바몬드Cecil Balmond의 건축 구조 작업을 "더 이상 영웅적이거나 자신감에 차있지 않은 그것은 비이성과 연약함을 포용하며, 가장 합리적일 때 믿기 어려워 보인다. 그것은 종종 거의 요동치는 하나의 지각 속에서 승리와 그것의 재앙을 전달하는 이중적인 이미지이며, 그것은 안심하지 않는다. 비록 극히 교훈적이긴 하나, 그것은 종종 이해가 불가능해 보이며, 천진하고 허무주의적이다."[1]

이 말에 암시되어 있는 건 건축의 복잡성에 순응하려 하는 어떤 구조적인 정신이다. 구조들은 "현 순간의… 불확실성에 개입할 수 있는… 형태들 속에서 의문과 임의성, 그리고 미스터리를 표현" 할 수 있다.[2]

구조에 영향을 주는 복잡성의 물리적 측면들은 기하학과 더불어 불안정한 형태들을 통한 하중들의 증폭, 그리고 내력 부재들의 숨김에 대한 이

슈들과 관계된다. 비유클리드 기하학과 유클리드 기하학에 대한 관심이 모두 존재한다. 패트릭 슈마허Patrick Schumacher는 이런 경향이 건축의 기본 구성요소들에 일어난 중대한 패러다임 변화에 기인한다고 본다.[3] 플라톤적인 꽉 찬 입체들solids에 기초한 모더니즘의 존재론 대신, 파라메트릭parametric 존재론은 스플라인spline 역1)과 넙스nurbs 역2), 그리고 형태를 스크립팅 하는 불리언Boolean 연산 역3) 과정들을 통합한다. 따라서 다양하고, 상호의존적이면서도 차별적으로 작동하는 복잡한 공간적 질서들에 대한 새로운 도식이 가능하다. 이는 공간적인 조건을 활용한 지속적인 실험들에 적합하며 건축에서 새로운 재료와 구조적 정의(들)에 대한 동기를 부여한다.

형태의 왜곡은 구조적인 비연속성과 극도의 편심하중들을 일으킬 수 있다. 하지만, 지주들을 의도적으로 "잘못 놓을" 때에는 단순한 건축 형태들에서도 편심성이 나타난다. 디자이너들은 이런 조건들이 구조와 건축의 새로운 관계들을 발견하기 위한 시작점들이라고 주장한다. 1998년 작 보

역1) 본래 수학의 수치해석 분야에서 말하는 다항식에 의해 구분적으로(piecewise) 정의되는 함수이나, 컴퓨터 그래픽 분야에 적용되면서 그렇게 정의되는 곡선을 지칭하게 되었다. 파라미터로 곡선 형상을 제어함으로써 부드러운 곡선 모양을 쉽게 구성할 수 있고 복잡한 모양에 근접한 표현이 유리한 게 특징이다. 곡선 함수의 차수에 따라 3차 스플라인(cubic spline), 4차 스플라인(quadratic spline) 등이 가능하다.

역2) Non-Uniform Rational B-Spline(불균등한 합리적 B-스플라인)의 약자이다. 불균등(non-uniform)하다는 말은 파라미터들을 맵핑할 때의 간격이 불균등하고 유동적이라는 의미이고, 합리적(rational)이라는 말은 제어점(control point)마다 가중치(weight)를 부여함으로써, 더 정확한 근사치를 얻기 위해 불필요하게 제어점들을 늘릴 필요를 줄였다는 뜻이며, B-Spline은 수치해석에서 말하는 기준 스플라인(Basis Spline)을 말한다. CAD/CAM 디자인의 기본이 된 이런 곡선을 향한 초창기의 역사에서는 프랑스 르노 사의 엔지니어였던 베지에르(Bézier)와 시트로앵 사의 수학자이자 물리학자였던 드 카스텔죠(De Casteljau)가 선구자들인데, 드 카스텔죠가 1959년에 만든 알고리듬을 베지에르가 1962년에 차체 디자인에 적용함으로써 초기의 스플라인 곡선은 베지어 곡선(Bezier Curve)으로 널리 알려지게 되었다. 이후 베지어 곡선은 진정한 불균등한 합리적 B-스플라인(Basis Spline)이 아닌 것으로 판명되어, 이를 일반화하여 발전시킨 게 현재의 NURBS에 이르렀고, 이를 기초로 곡면 디자인이 발전되었다.

역3) 19세기 중반에 영국의 수학자 조지 부울(George Boole)이 만든 부울 대수(Boolean Algebra)는 AND와 OR, IF THEN, EXCEPT, NOT이라는 논리 연산자들을 통해 명제들을 조합하는 조합 시스템이다. 디자인 소프트웨어에서는 이런 논리를 통해 두 개의 형태들을 병합할 때 그것들의 교집합과 합집합을 처리하는 방식을 다양화하는 연산을 말한다.

르도 주택Maison Bordeaux에서, 그 콘크리트 박스는 땅에서 들어 올려져 '공중에' 부유함으로써, 그 자체의 중량을 시각적으로 부정한다. 그런 착각은 직접적인 지지요소를 그 그림자 밑에 감추기 때문에 일어난다. 한쪽 끝에서, 그 박스는 하나의 받침보shelf beam 위에 놓여있다. 다른 쪽 끝에서는, 케이블 지주를 통해 지반에 정착된 한 지붕 거더에 매달려있다. 전형적인 구조 구획과는 달리, 각 단면은 주택의 다른 쪽과 반대를 이룬다. 건물 전체적으로, 이러한 무중력성의 느낌이 그 내부 공간들의 경험을 특징화한다.

70년 전에 러시아 절대주의자 카지미르 말레비치Kazimir Malevich는 이렇게 기술했다. '우리는 땅에서 자유로워질 때, 지지점이 사라질 때에야 공간을 지각할 수 있다.' 구조가 어떤 직설적인 방식으로 가시적이거나 표현될 필요가 없다는 생각은 표준적인 해결책들을 피하면서 자신이 설계하는 구조들로 술책을 꾀했던 엔지니어 피터 라이스Peter Rice도 공유했던 관점이었다.

그가 미스터리와 불확실성을 창조한 특별한 방식들 중 하나는 인장력을 활용한 구조들로 안정성의 아이디어들을 탐구한 데에 있었다. 낭트의 위진 슈퍼스토어Usine Superstore에서, 라이스는 지주들과 건물의 구조적인 작용이 항상 그리 명확하지만은 않았던 '아주 조금 불안정한' 건물을 만들었다. 라 빌레트에서는, 그것의 유리벽들에 대한 인장 구조들이 풍향에 따라 그것들의 지지 방식들을 변화시켰다. 그것의 지지 기능을 넘어서, 그 구조의 투명한 성격은 그것이 내부와 외부 사이의 전이 영역으로 읽힐 수 있게 했다. 라이스는 그 건축의 시각적 층위들을 구조 형식으로 표출하는 한편, 의도적으로 시각적인 불안정성의 느낌이 나게끔 그것을 구성했다.[4]

라이스는 구조적인 예술에 존재하는 주관적인 차원을 그려낸 한편, 바몬드는 다음처럼 비합리적인 것들이 디자인에서 한 위치를 차지하는 세계를 인정한다. '이성을 선형적이고 결정 가능한 것으로 낙인찍는 어떤 합리적 정신의 충동은 반드시 정확하지 않다. 합리적인 것은 관념들의 세상을 이루는 겨우 작은 일부일 뿐이며, 그것이 편리할진 몰라도 세계의 사실에 있어서 실재적이진 않다. 비합리적인 것은 구조를 갖고 있다….' 5

비록 엔지니어링적인 가치가 최소한의 재료로 강도와 유용성을 성취하는 데에서 얻어지는 아름다움과 방법의 경제성을 전제로 하긴 하지만, 라이스와 바몬드는 모두 주관적이고 합리적이지만 그 자체로 유효한 구조 설계 내의 미학적 차원을 예로 보여준다.

반대되는 사고방식들 사이를 오가는 것은 디자인 과정에서 흥미로운 부분이다. 건축의 구조적 차원을 탐구하기 위해, 디자인 스튜디오들과 워크샵들을 통한 일련의 연구들이 이루어졌다. 그 탐구에 앞서 네 가지의 조건들을 파악했다. 이 조건들은 편심구조적인 해결책이 떠오르게 되는 모든 건축 프로젝트에 대해 포괄적으로 적용되었다.

첫 번째 조건은 건물의 통상적이지 않은 **모양**shape과 관련되었다.

두 번째 조건은 **변화**change가 이루어지는 공간들과 관련되었다.

세 번째 조건은 **빛에 반응하는**light responsive 표면들과 그것들이 구조 형식에 미치는 효과와 관련되었다.

네 번째 조건은 현대적 공간의 비위계적 성격들과 형태생성을 위한 한 단위로서의 **셀**cell 개념과 관련되었다.

각 그룹에 내포된 것은 설계의 핵심적인 난관과 연관된 특정한 한 조건이나 한 집합을 이루는 조건들에 대한 전략적인 구조적 반응들이었다. 비록 편심구조설계는 하나의 조건에 의해 주도되었지만, 결과적인 제안들은 적어도 두 개의 다른 조건들에 공간적이고 형태적인 특질들의 집합들로서 반응했다. 그것들은 표준적인 구조적 해결책들이 부적절한 폭넓은 범위의 공간적 · 축조적 고려사항들에 반응한다.

대안적인 구조 해결책들을 찾는 과정에서 수많은 접근법들을 취했다. 첫 번째 접근은 한 단위 부재의 기하형상으로 시작하여 똑같은 부재들을 함께 이음으로써 공간적인 (그리고 구조적인) 패턴들을 만드는 것이었다. 다양한 조건들에 대해 반응하면서, 단위 부재를 변이시켜 전형적이지 않거나 특수화된 부재들을 이끌어냈다.

두 번째 접근은 알려진 구조 형식들을 유연한 혼성 혹은 변형 형식들로 바꾸고 번안하여 다양한 공간적 · 형태적 접합체들을 만드는 것이었다.

세 번째 접근은 부재들의 골격이 되는 구조를 발전시키는 것으로서, 각 부재들을 강도와 강성을 높이는 방향으로 변경하여 전반적인 기하형상을 면밀하게 왜곡시킬 수 있었다.

네 번째 접근은 하나의 불안정한 형태로 시작하여 그것을 안정화시키면서 변형에 저항할 수 있는 대책을 연속적으로 반복하는 것이었다.

이러한 접근들은 또한 직각을 벗어나거나 비대칭적인, 혹은 불연속적인 형태들에만 국한되지 않은 편심구조들로 귀결되었다. 많은 스터디들이 어떤 결과가 나올지 모른 채 최대한의 가능성이 있는 방향으로 대안들을 발전시켰다.

구조의 편심적인 성격은 일반적인 건축적 조건들의 한 집합이라 생각되는 것으로부터 나타나지만, 엔지니어링 순수주의자들에게는 그 구조적 제안들이 변칙적인 것들로 보일 것이다. 아마도 이것이 두 종류의 구조들을 구분하는 것일 텐데, 하나는 공간적 상상을 강조하는 구조고, 다른 하나는 공학적 발명이 주도하는 구조다. 그 둘을 분리하는 것은 깨어질 날만을 기다리고 있는 사고방식들이다.

참고문헌References

1 & 5. Cecil Balmond, A+U (November 2006 Special Issue, p.251, 131 133)

2. Rem Koolhas의 서문, *Informal* (Prestel USA, 2003)

3. 파라메트리시즘에 관한 Patrick Schumacher의 글, *The Architects' Journal: Measured Drawings* (May 2010, p.41-45)

4. Andre Brown, The Engineer's Contribution to Contemporary Architecture: Peter Rice (Thomas Telford Publishing, 2001)

부피 없이
어떻게 비틀림
강성을 얻을까?

비틀린 타워 1
Twisted Tower 1

모양 SHAPE

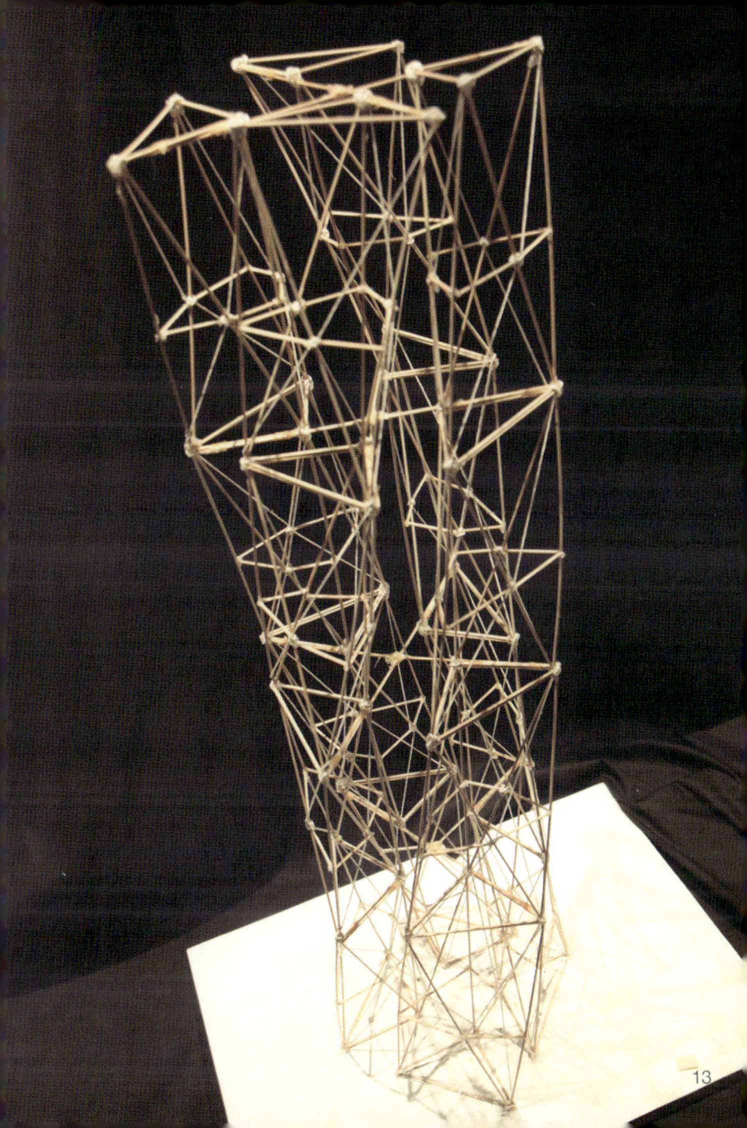

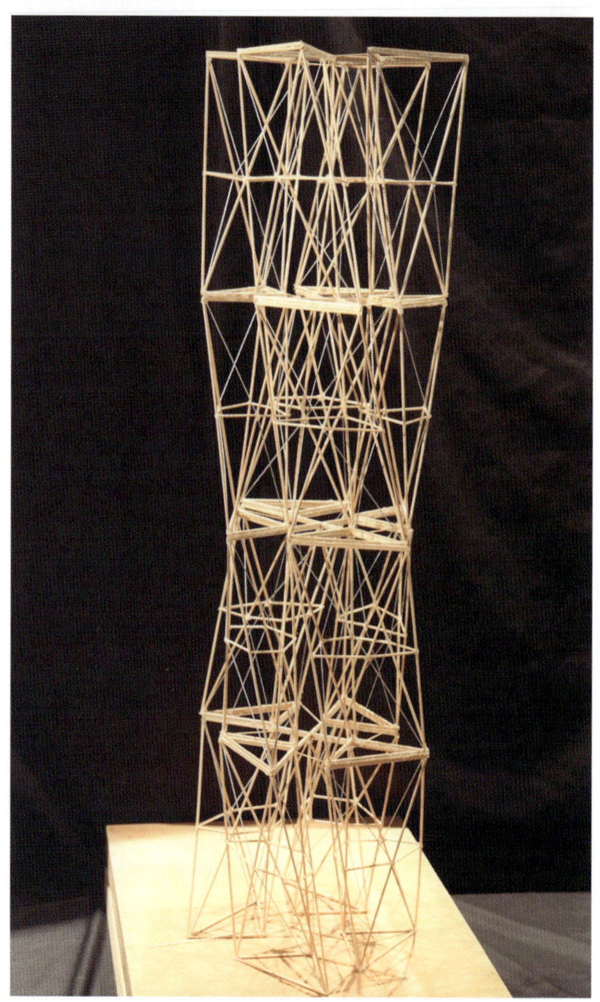

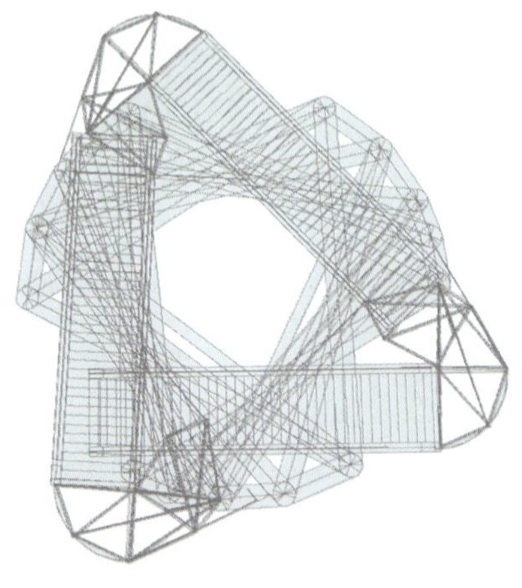

변이된 피라미드가
비틀림을 견딜 수
있을까?

비틀린 피라미드
Twisted Pyramid

모양 SHAPE

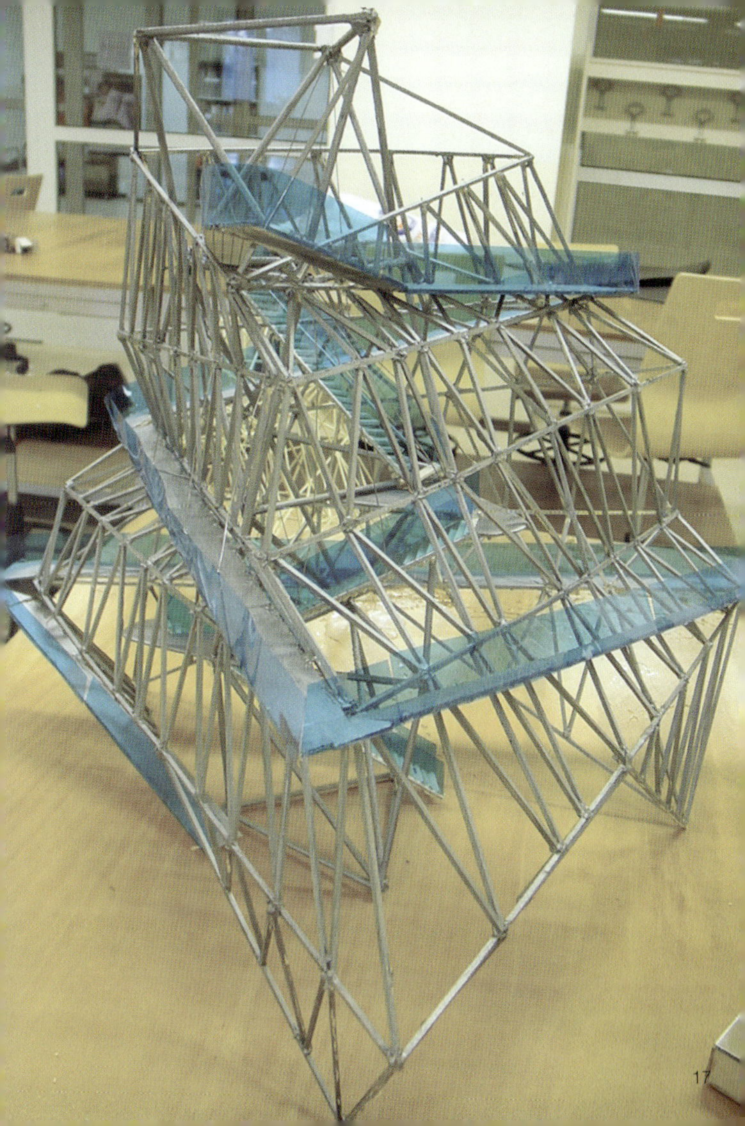

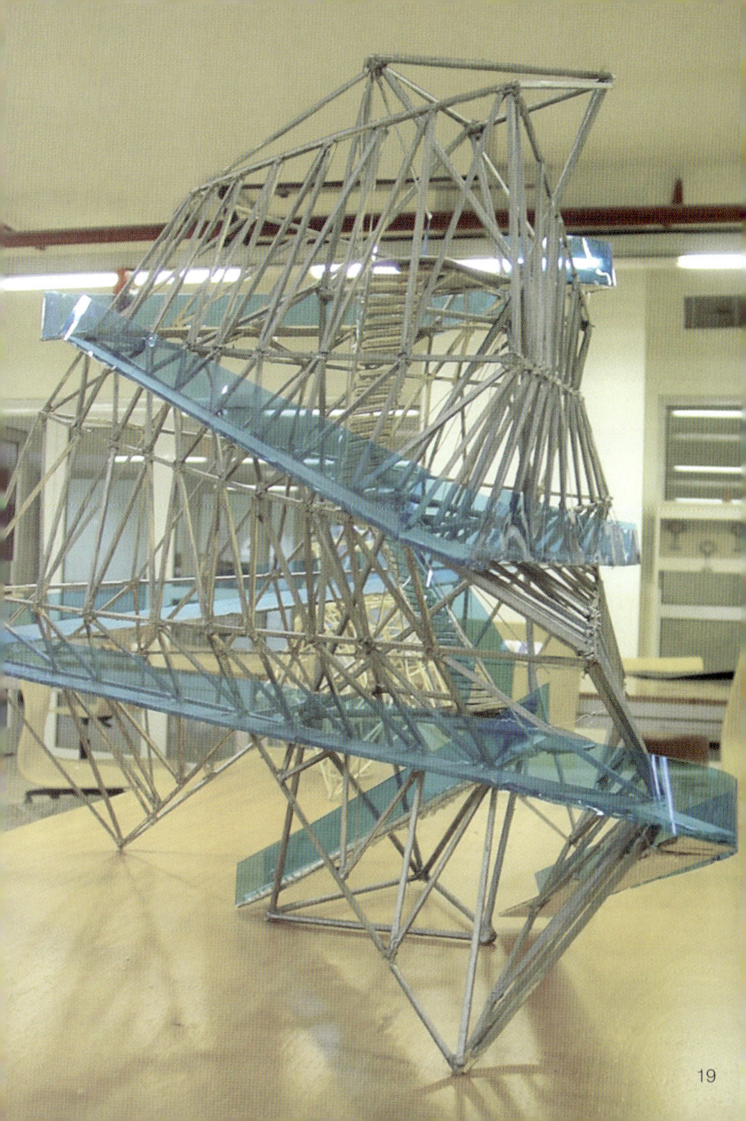

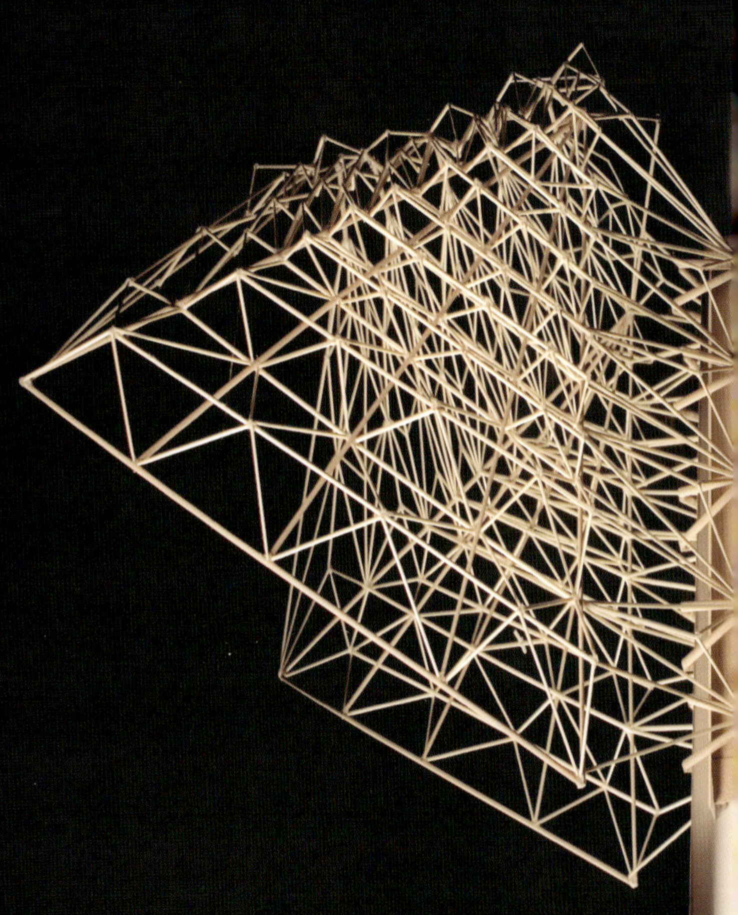

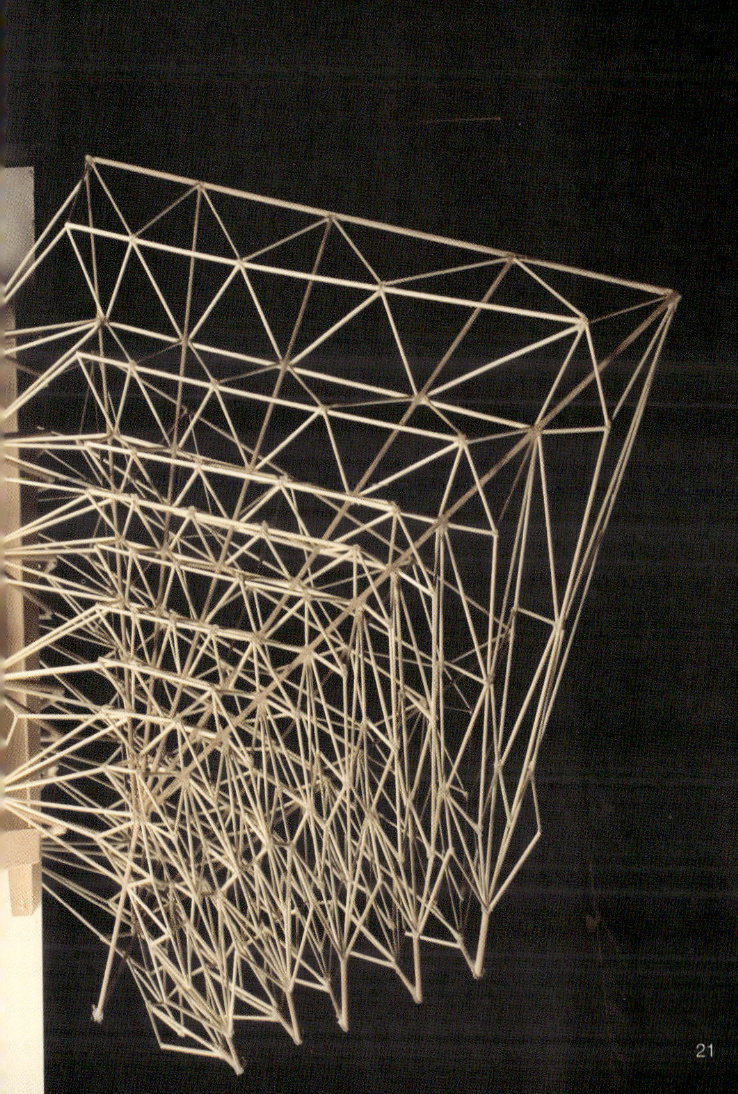

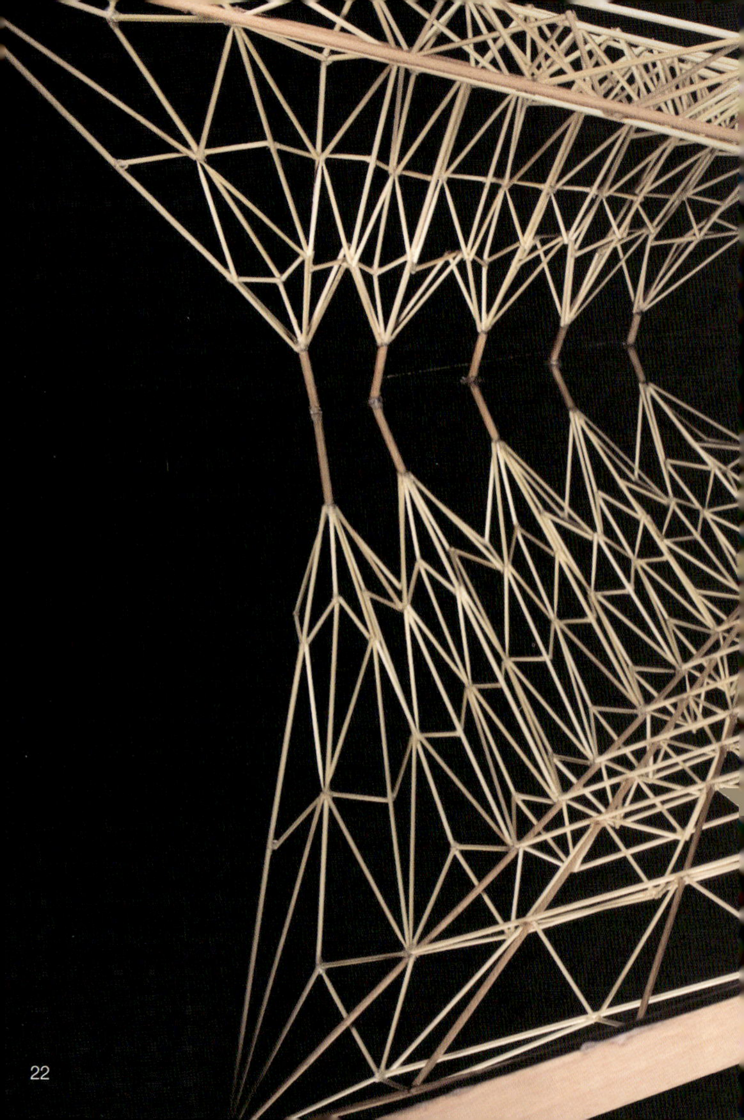

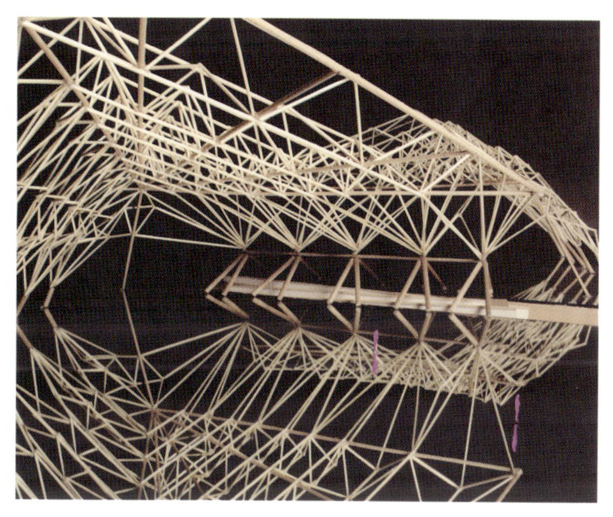

최소한의 표면 및 선들로
지지하여 어떻게
두 개의 피라미드 볼륨을
정의할까?

기울어진 피라미드
Inclined Pyramid

모양 SHAPE

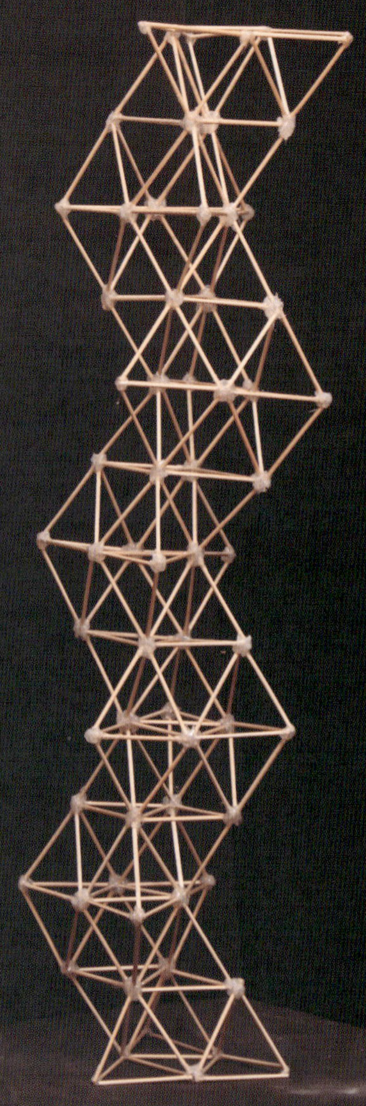

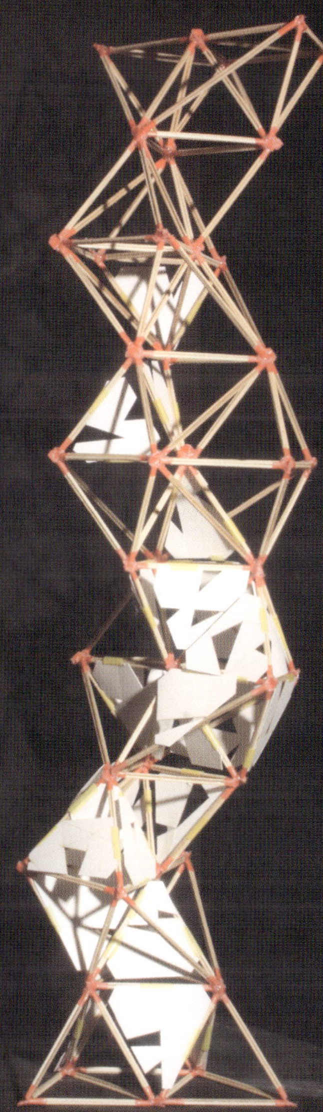

사면체들을
비대칭적으로
쌓아서 비틀림에
저항하고 다양한
공간들을
만들 수 있을까?

비틀린 타워2
Twisted Tower 2

모양 SHAPE

두 가지의 경사로
어떻게 한 타워의
평형을 얻을까?

꺾인 타워
Bent Tower

모양 SHAPE

어떻게 전복에
저항하는 형태로
하중을 분배할까?

가늘어지며 기울어진 타워
Tapered Inclined Tower

모양 SHAPE

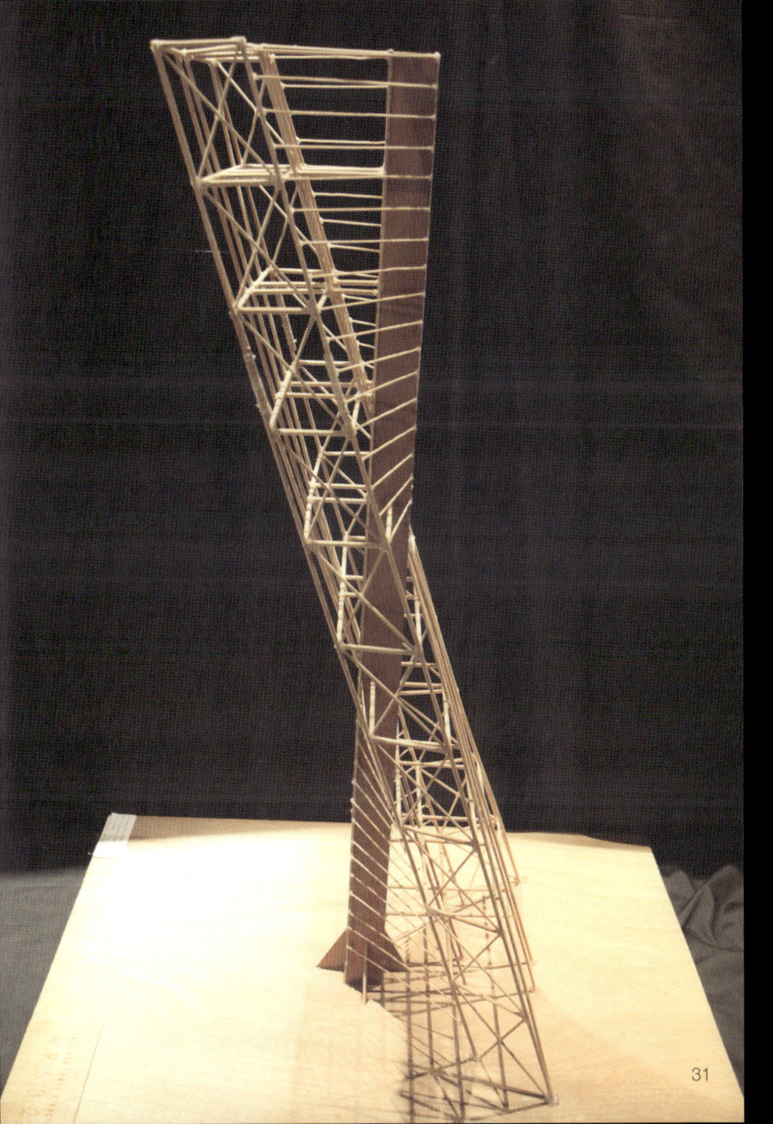

심각한 휨이
공간적인 기회가
될 수 있을까?

오프셋 타워
Offset Tower

구조용 아치는
어느 때에 돔을 위한
최상의 구조가
되지 않을까?

돔이 아닌 돔
Non-Dome

모양 SHAPE

VPRO 본사 개조
VPRO HQ
Makeover

변화 CHANGE

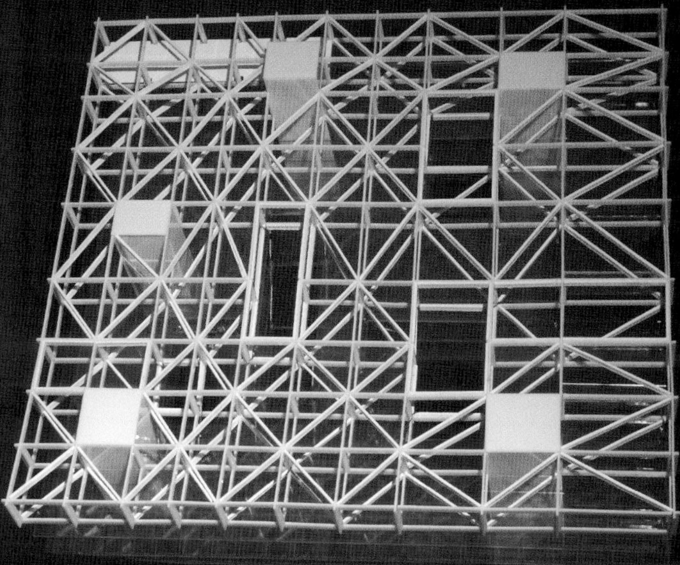

바닥판들을 변화시켜 어떻게 한 건물을 만들까?

한 건물이
교량이 될 수
있을까?

타워 브리지
Tower Bridge

변화 CHANGE

어떻게 절벽
면에 방 하나를
짓고 그걸 다른
절벽으로도 옮길까?

절벽 숙소
Cliff Lodge

변화CHANGE

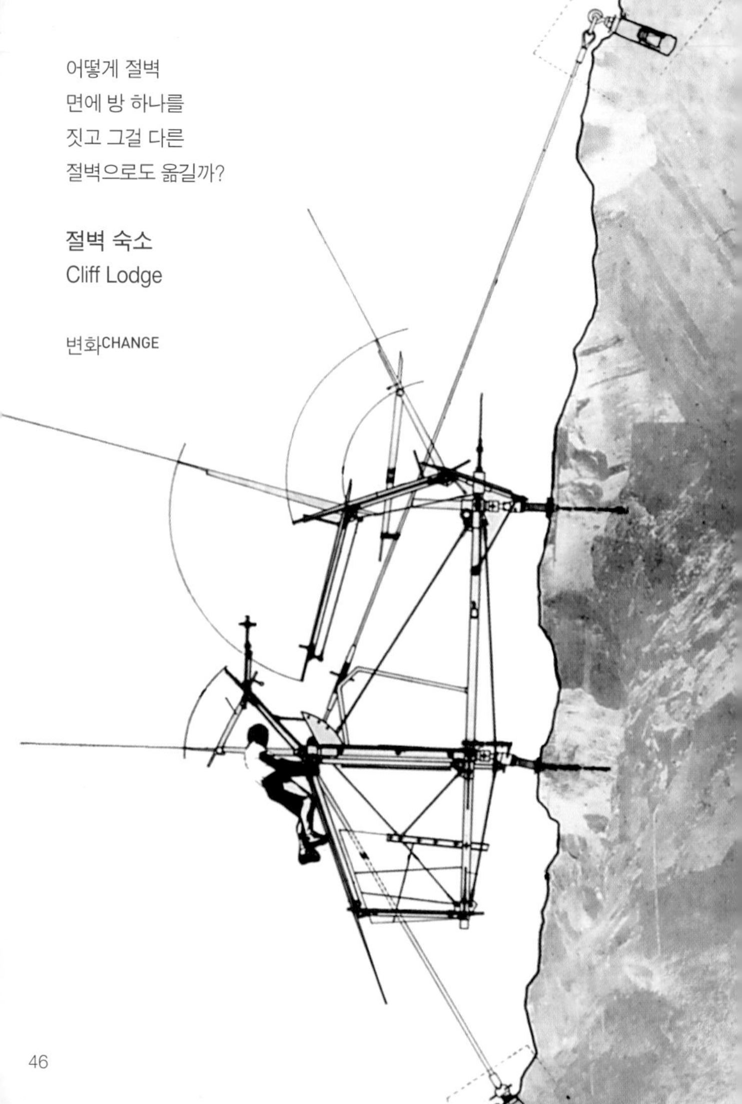

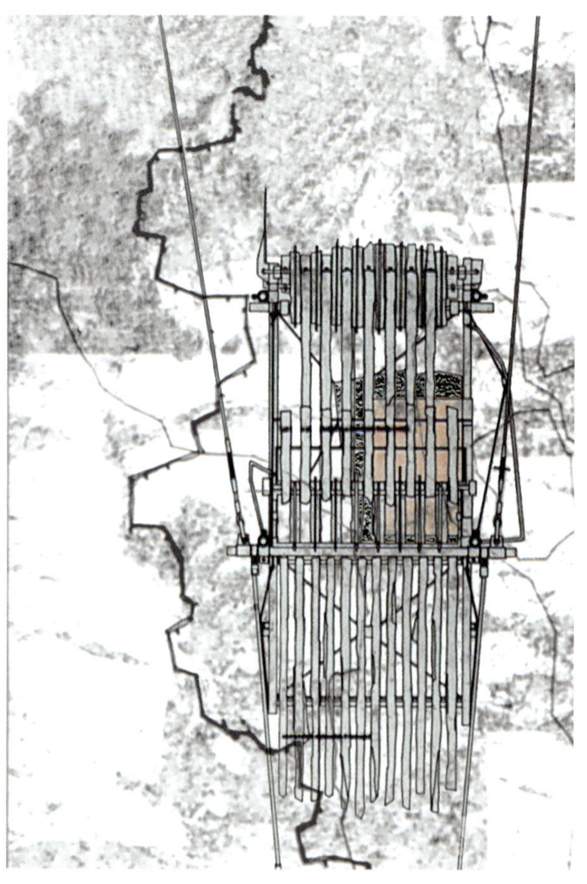

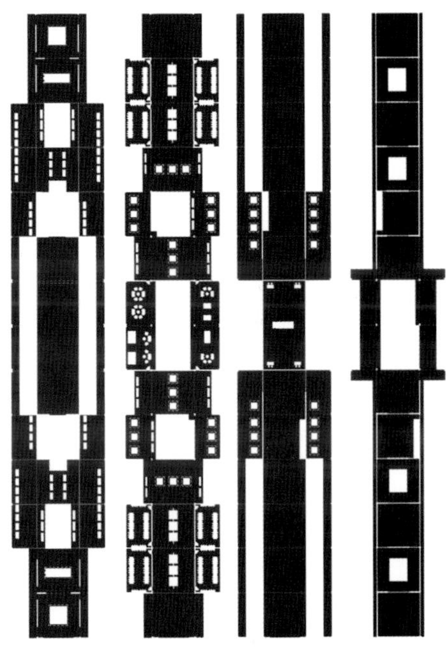

교량이 다목적 계획 시설이 될 수 있을까?

변신 브리지 (Transformer Bridge)

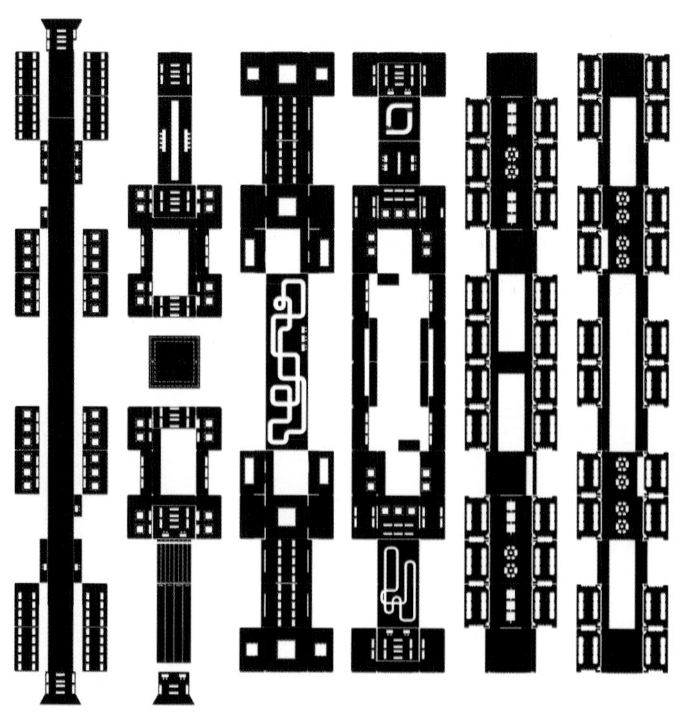

9월 - 체육대회　　　10월 - 로봇축구 학술대회　　　11월 - 학업주간

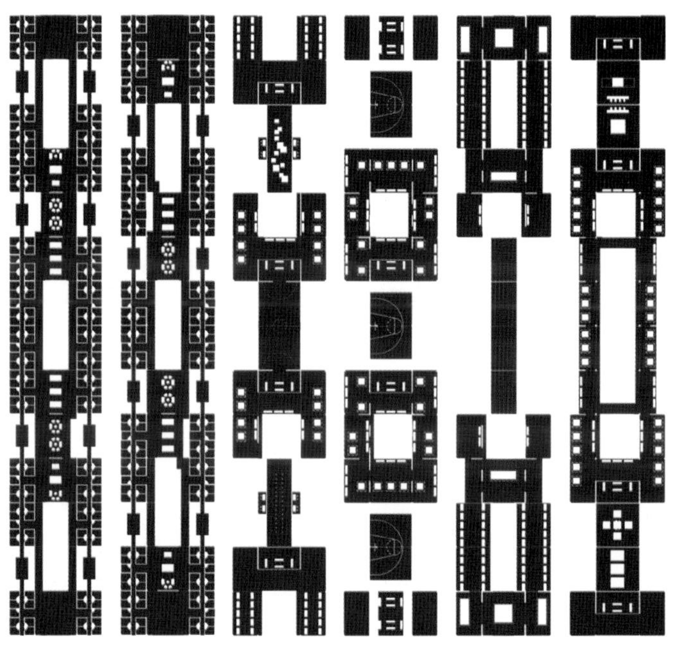

12월 - 학생숙소　　2월 - 체육대회　　3월 - 로봇 경기들

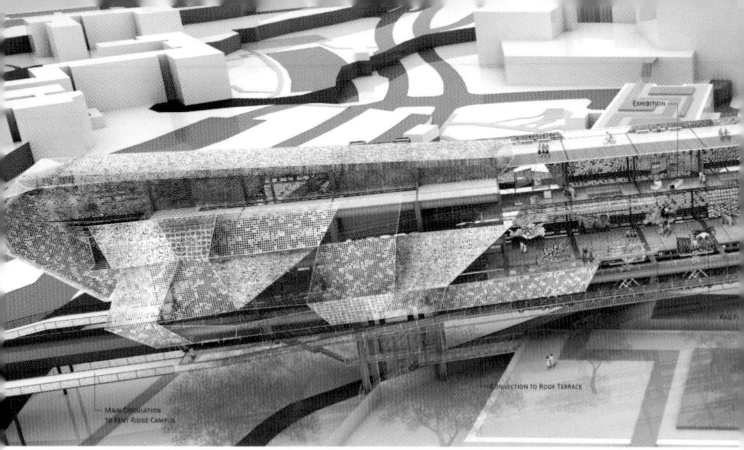

Exhibition

Main Circulation
to Kent Ridge Campus

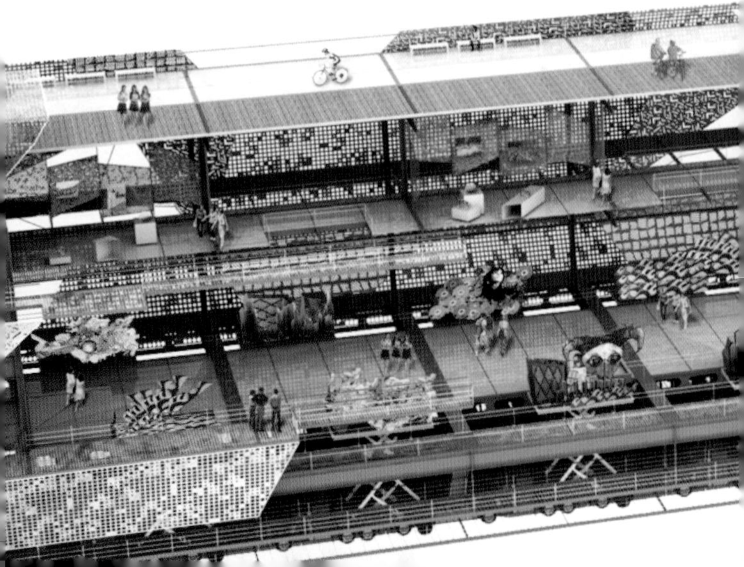

Connection to Roof Terrace

AYE
Rag Performance
Research Room
Lifts
Lift Truck
Bike Ramp
8 August
Rag Day

선전의 파편
Shenzhen Shrapnel

형태 SHAPE

빛 LIGHT

일조권을
활용하여
어떻게 형태를
지을까?

extended gallery

재활용 부품들로
전개 가능한 공동주거를
만들 수 있을까?

타워크레인 공동주거
Tower Crane Housing

형태 SHAPE
변화 CHANGE

공중에 농장을
지을 수 있을까?

공중 농장로
Aerial Farmway

변화 CHANGE
빛 LIGHT

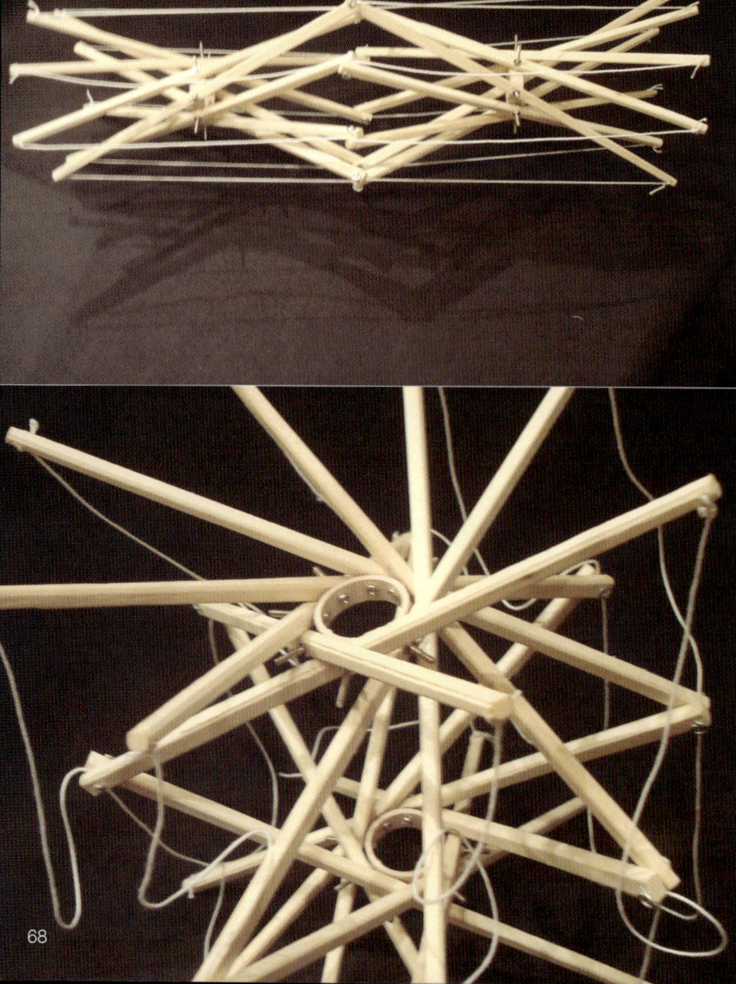

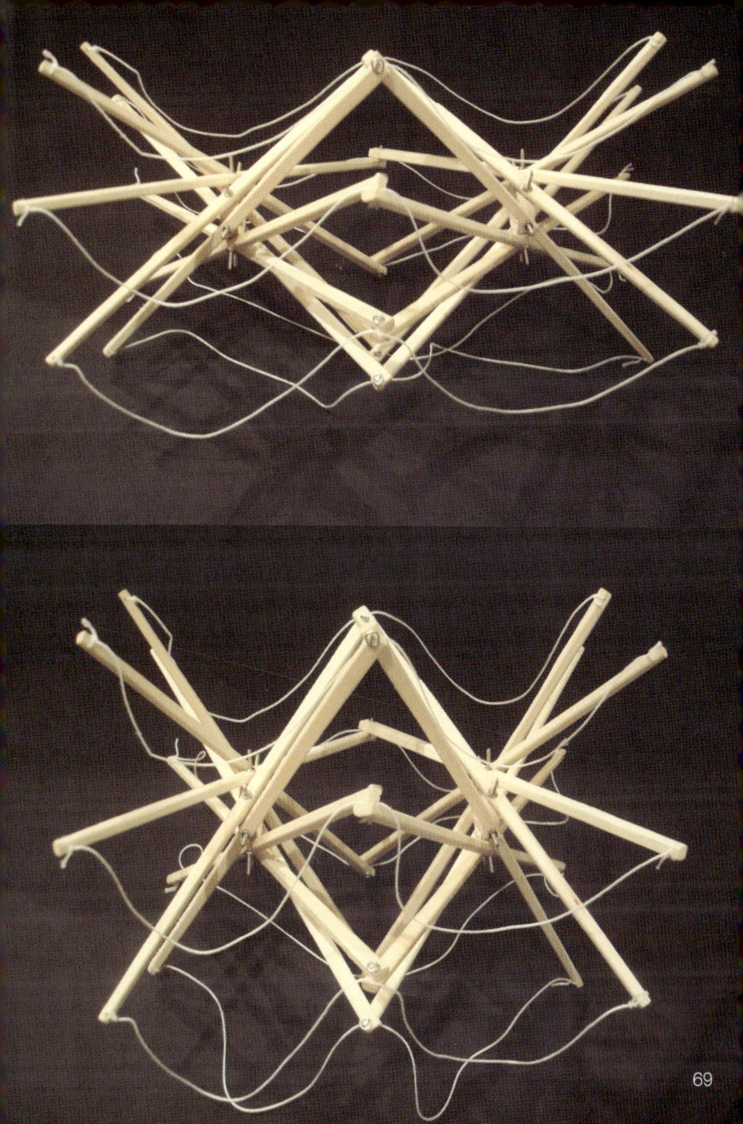

교량이 모양을 변화시킬 수 있을까?
무슨 이유로?

확장 브리지
Expanda Bridge

빛 LIGHT
모양 SHAPE
변화 CHANGE

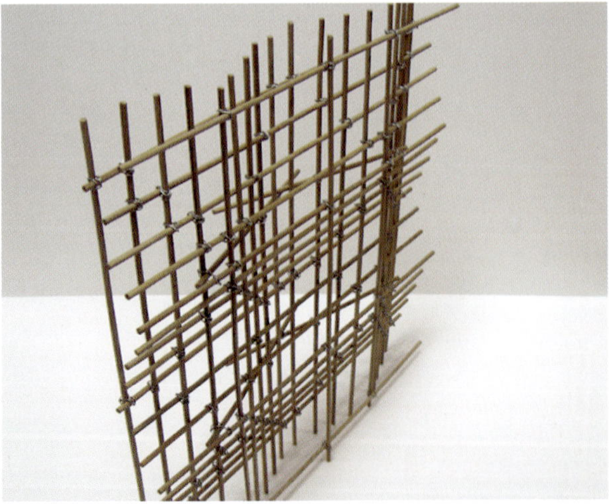

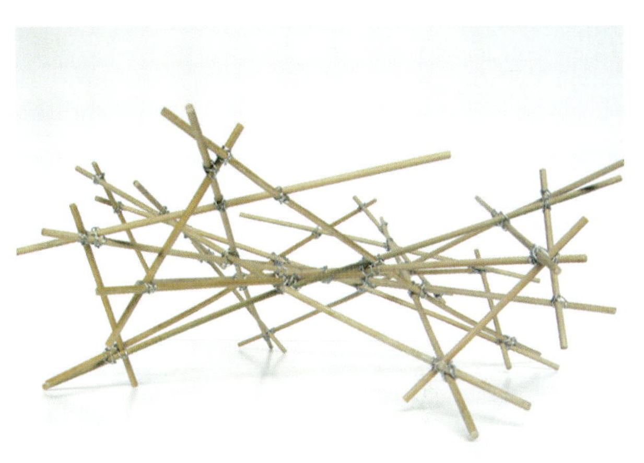

상호지지구조가
무작위적인 패턴을
가질 수 있을까?

비대칭 상호지지구조
Asymmeric Reciprocals

모양 SHAPE
변화 CHANGE

평면적인
격자가 곡면으로
변형될 수 있을까?

래티스 셸
Lattice Shell

모양 SHAPE
변화 CHANGE

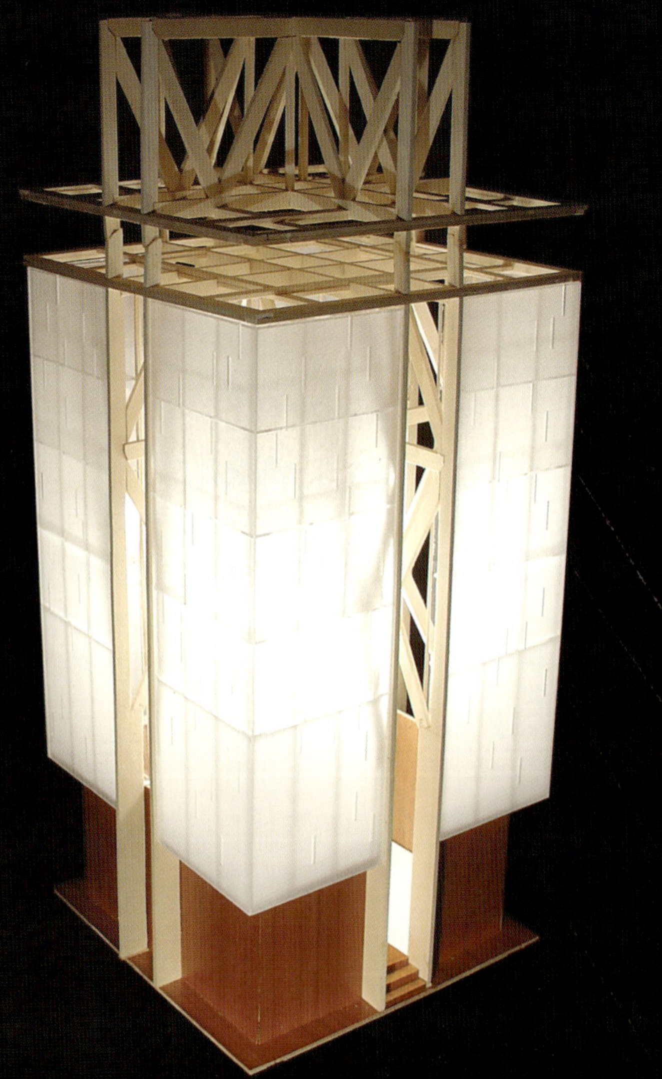

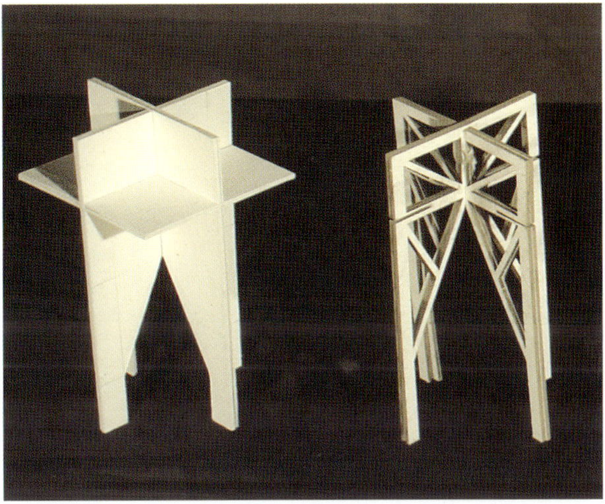

랜턴 채플

Lantern Chapel

빛 LIGHT

깊은 구조가
내부공간을 정의하고
외부 표면을 자유롭게 할 수 있을까?

그림자놀이를 하기 위한 구조를
어떻게 구성할까?

그림자 갤러리
Shadow Gallery

빛 LIGHT

변화 CHANGE

빛 LIGHT

셀 CELL

모양 SHAPE

변화 CHANGE

발광소자 유압구조
LED Pneu

유압구조가 문화적으로 구축될 수 있을까?

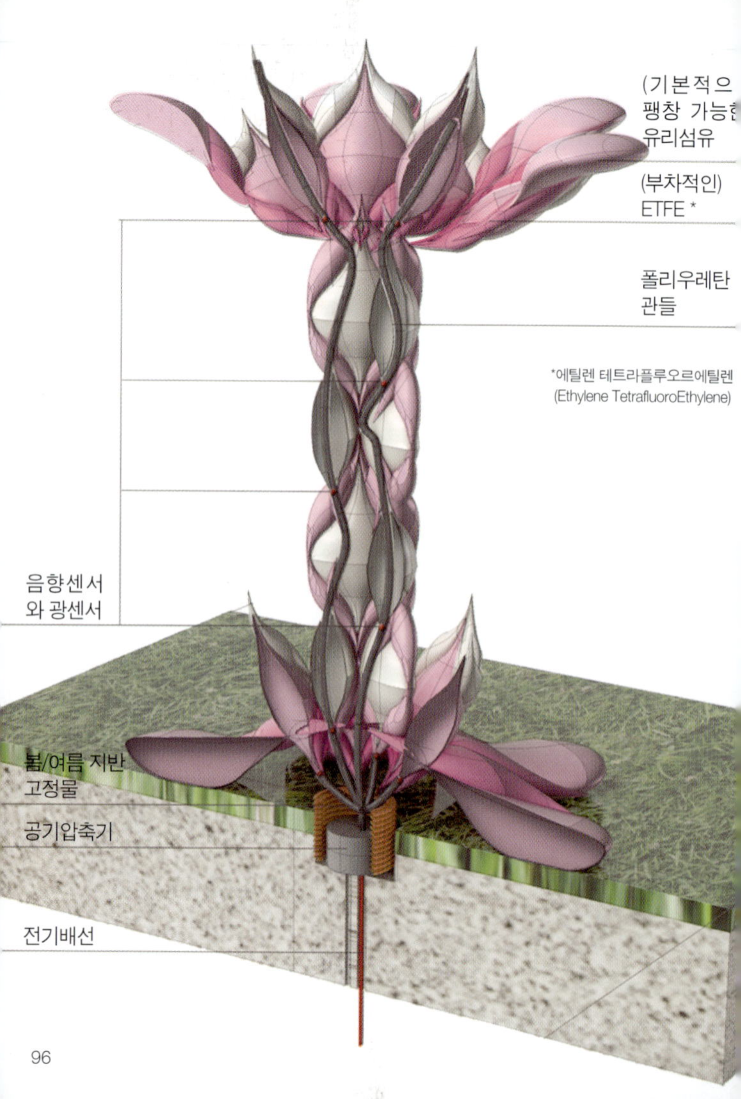
(기본적으
팽창 가능한
유리섬유
(부차적인)
ETFE *
폴리우레탄
관들
*에틸렌 테트라플루오르에틸렌
(Ethylene TetrafluoroEthylene)
음향센서
와 광센서
봄/여름 지반
고정물
공기압축기
전기배선

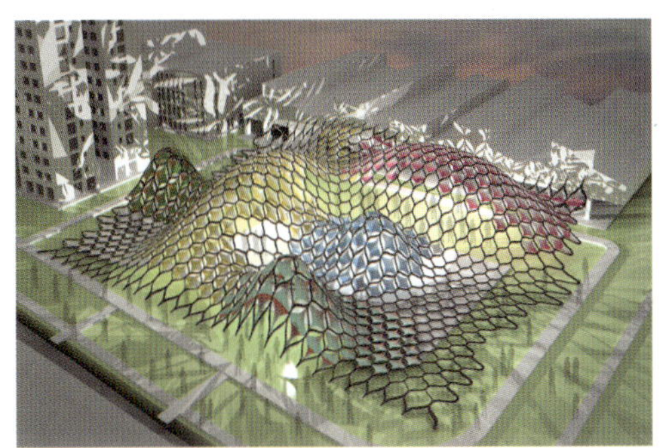

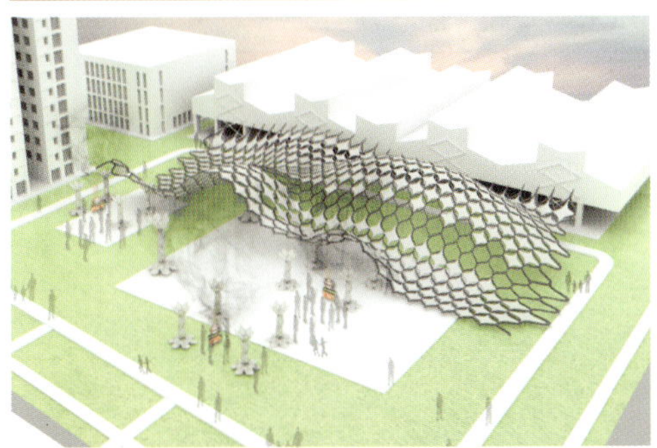

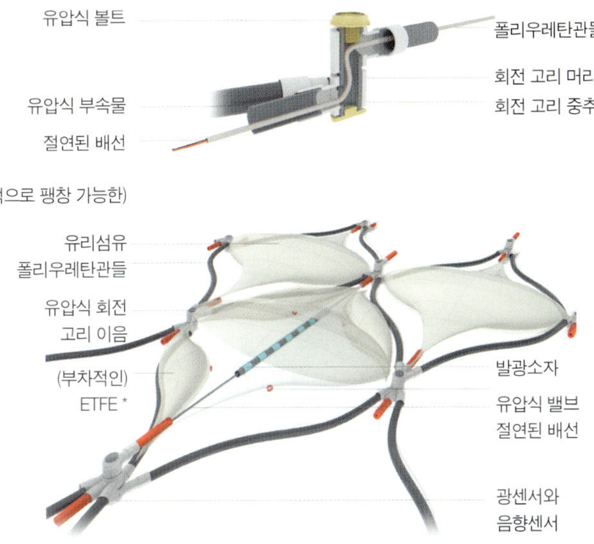

*에틸렌 테트라플루오르에틸렌
(Ethylene TetrafluoroEthylene)

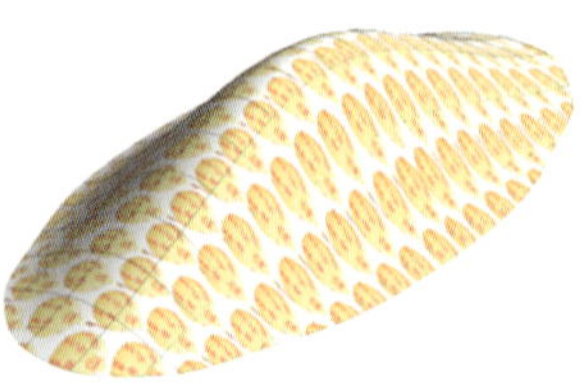

용 비늘패턴

랜턴패턴

화염패턴

구름패턴

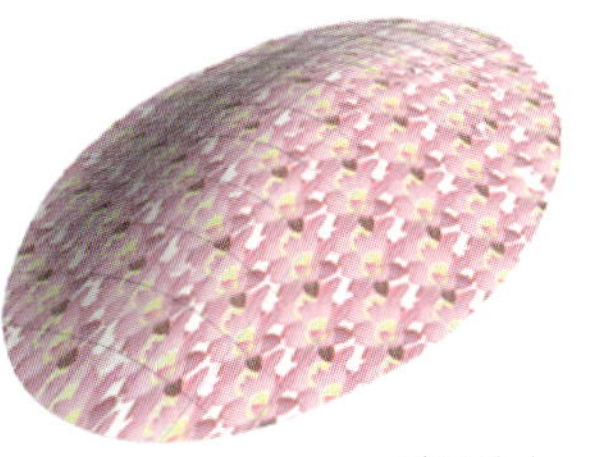

연꽃패턴

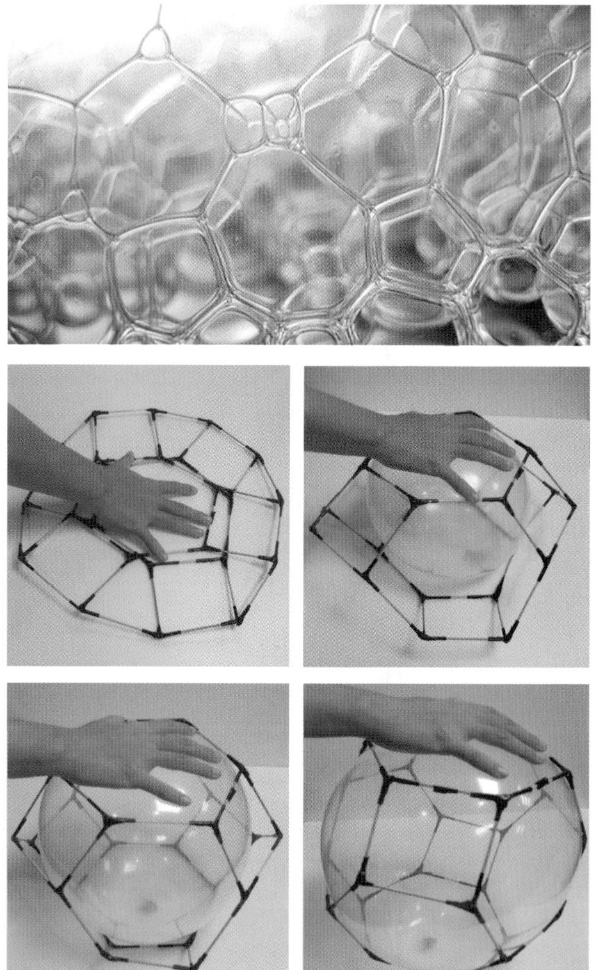

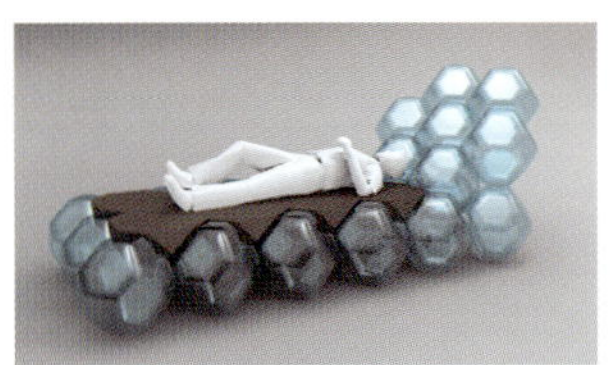

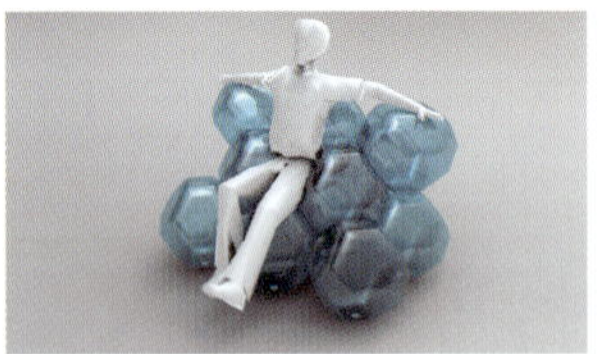

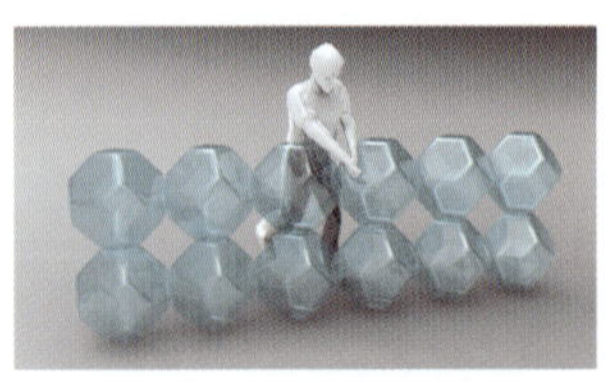

유압식 셀로
어떻게 다양한
깊이를 만들까?

다중 유압구조
Poly Pneu

빛 LIGHT
셀 CELL
모양 SHAPE
변화 CHANGE

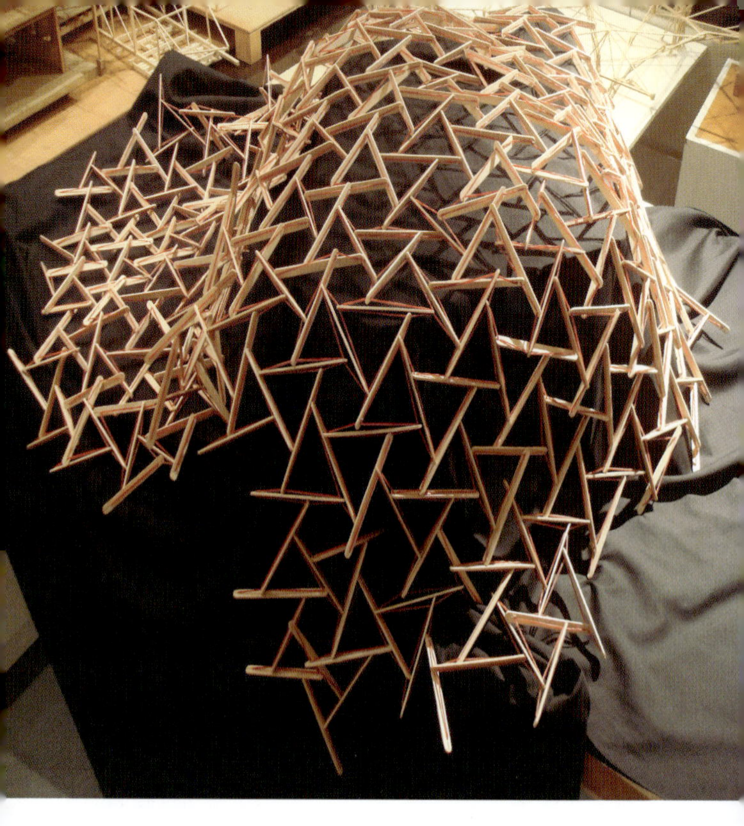

텐서그리티 변이들
Tensegrity Mutations

어떤 한계들이 텐서그리티
시스템에서 변화를 만들까?

셀 CELL

모양 SHAPE

변화 CHANGE

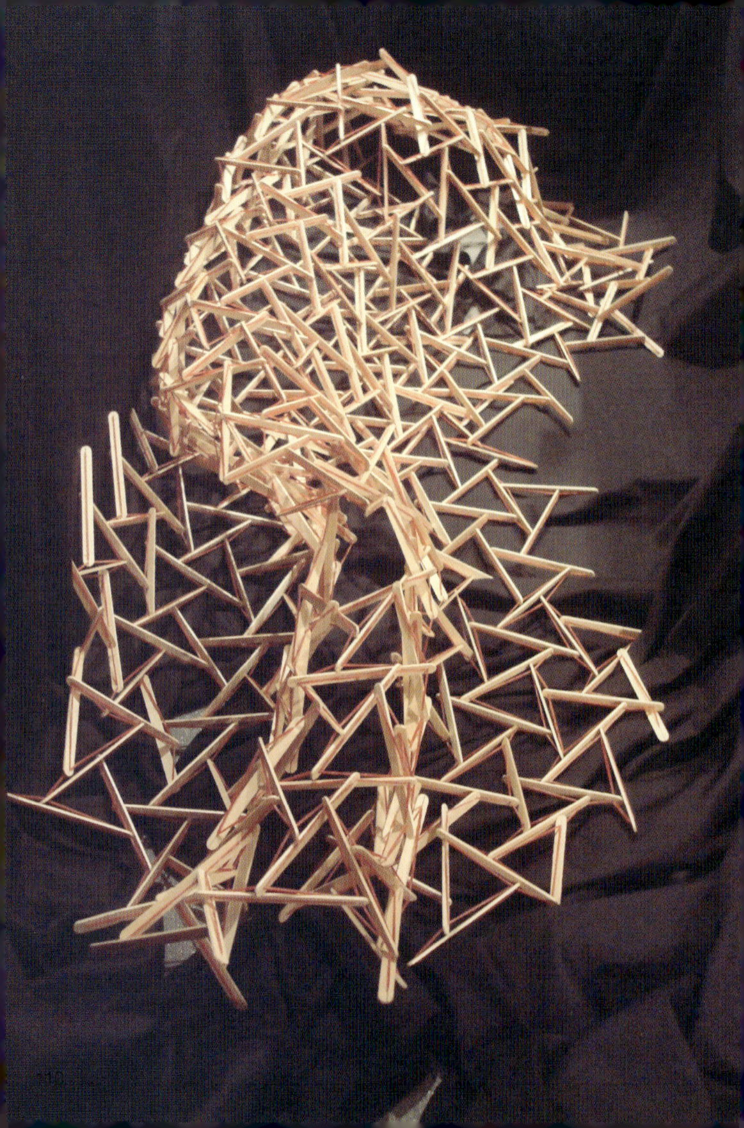

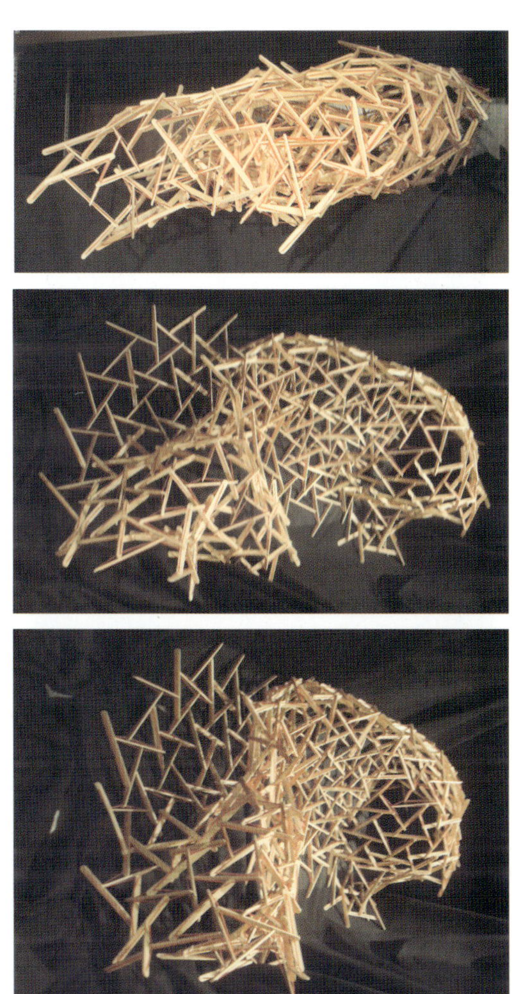

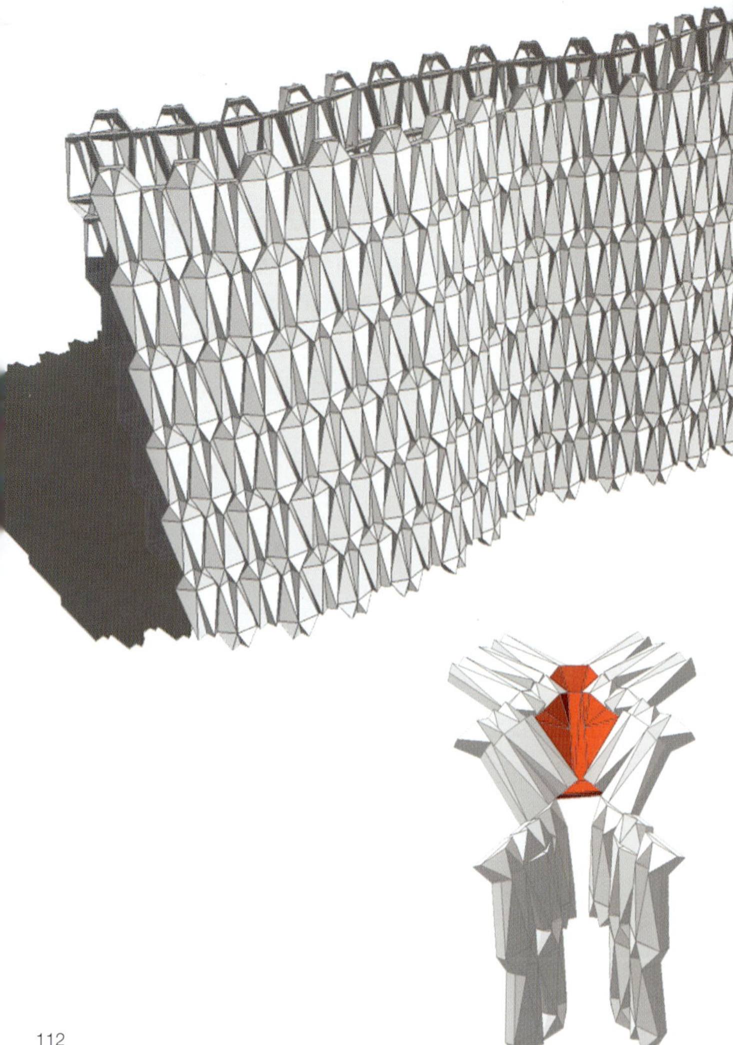

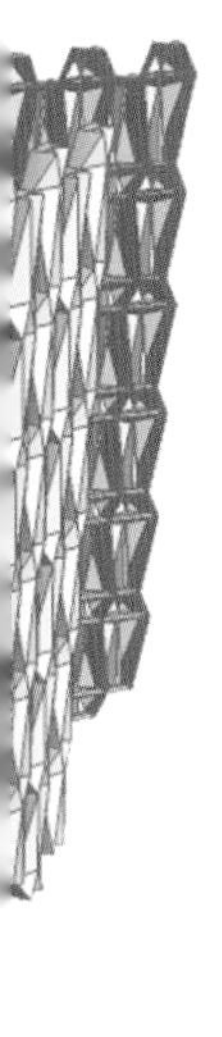

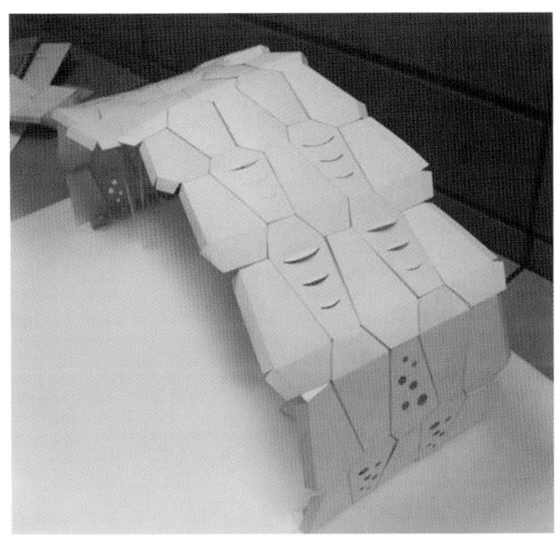

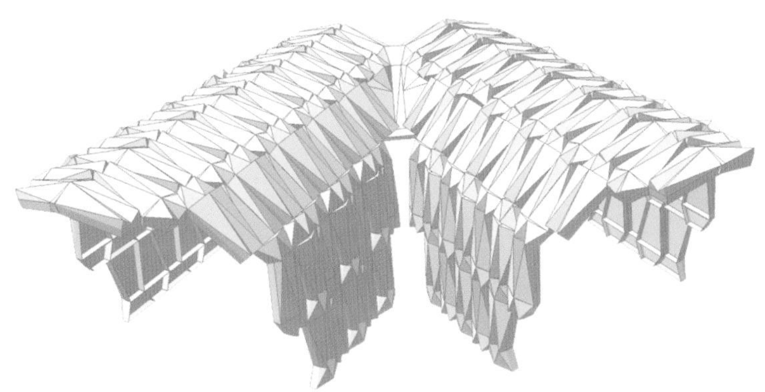

패널화된 전개가능표면
Panelized Deployables

구조용 패널들로부터
다른 건물들을
"성장" 시킬 수 있을까?

셀 CELL

모양 SHAPE

변화 CHANGE

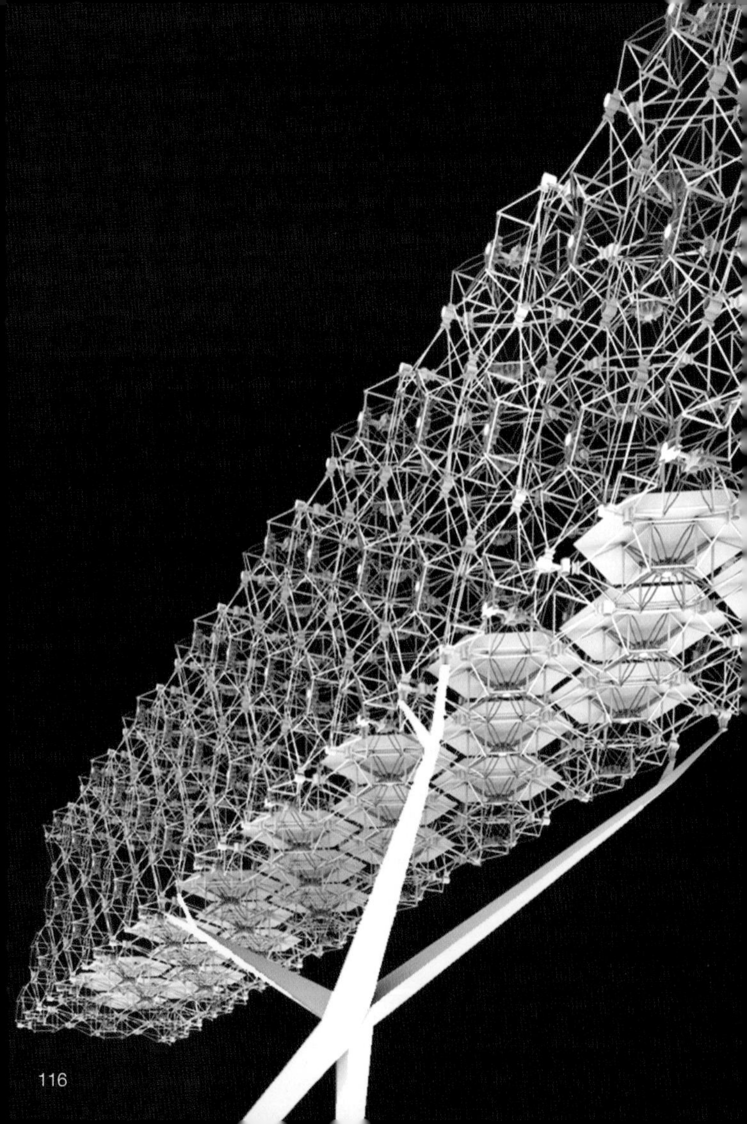

자전거 프레임들로부터
공간과 구조를
만들 수 있을까?

자전거 프레임 변이들
Bicycle Frame Mutations

셀 CELL
빛 SHAPE
모양 SHAPE
변화 CHANGE

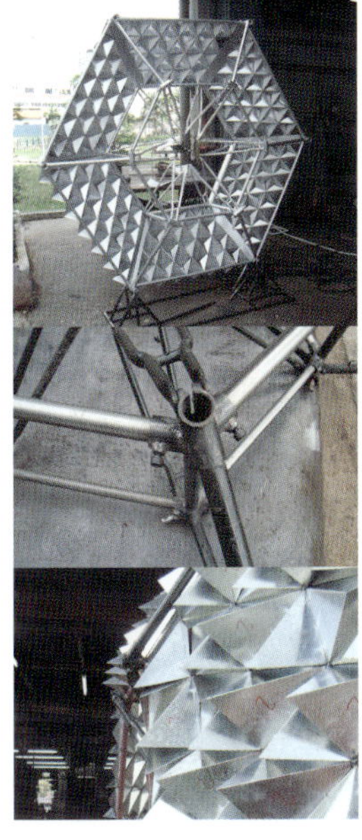

단위당 50% 중첩　　70.8 %

60.3 %　　60.3 %

상당한 정도로 중첩시킨 접힘(fold) 패턴들을 탐구했다. 이 속성은 광량을 조절하기 위한 동적인 셀로 활용될 때 개구부를 최대화하고 최소화할 수 있는 능력을 측정하는 척도였다.

37 % 37 %

57.5 % 57.5 %

개화 파사드
Bloom Facade

빛 SHAPE

셀 CELL

모양 SHAPE

변화 CHANGE

동적인 셀이
구조용 표면과
차양 부재가 될 수 있을까?

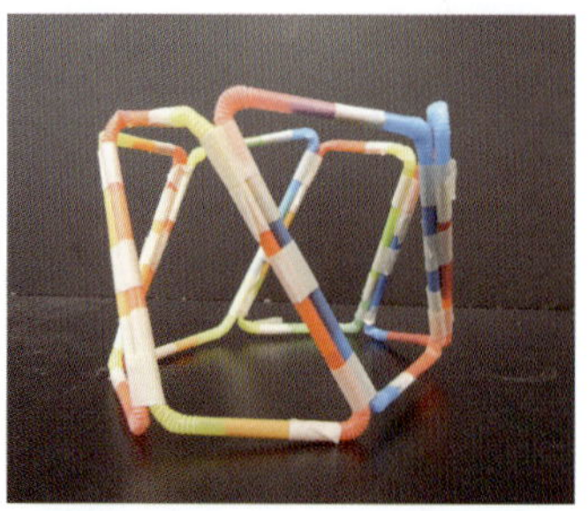

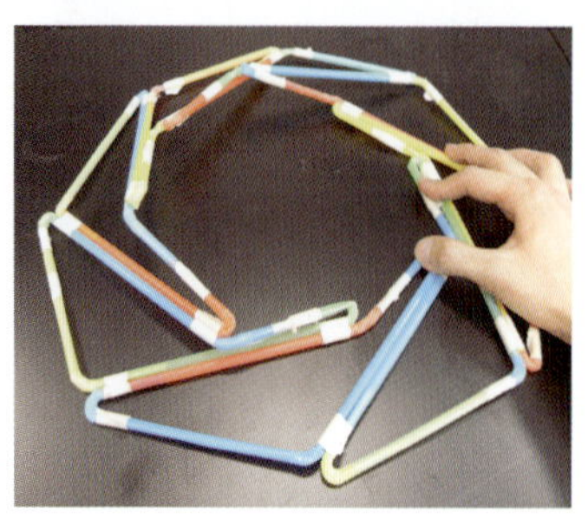

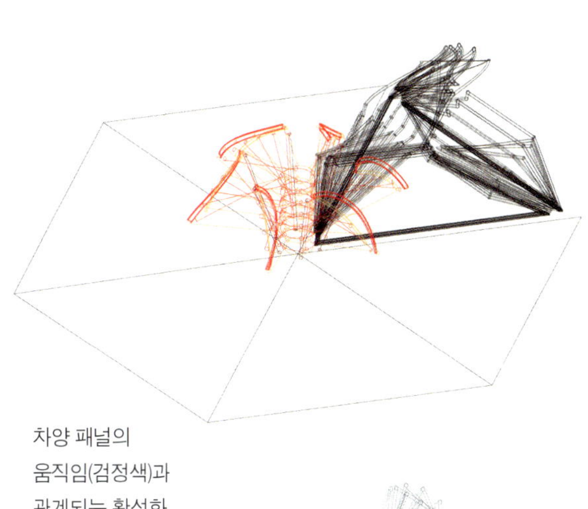

차양 패널의
움직임(검정색)과
관계되는 활성화
메커니즘의
움직임(오렌지색)

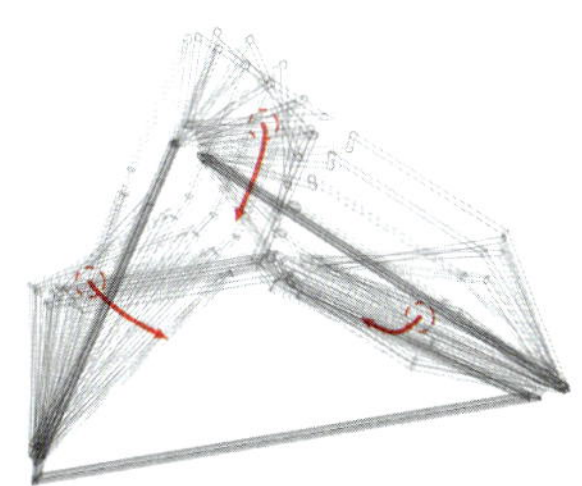

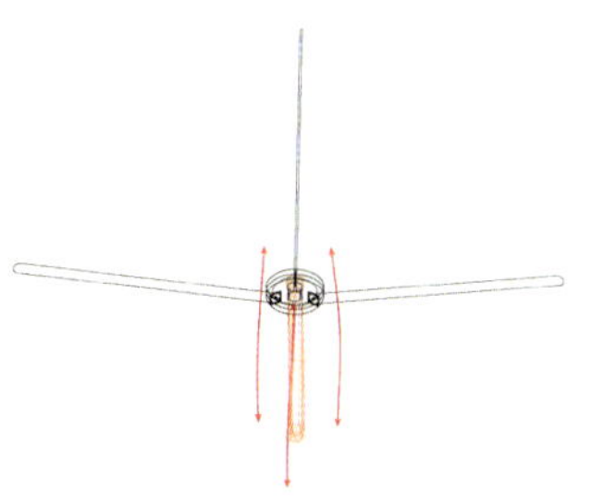

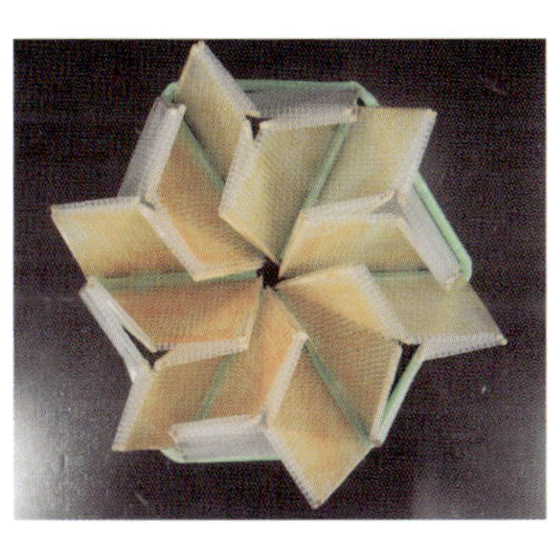

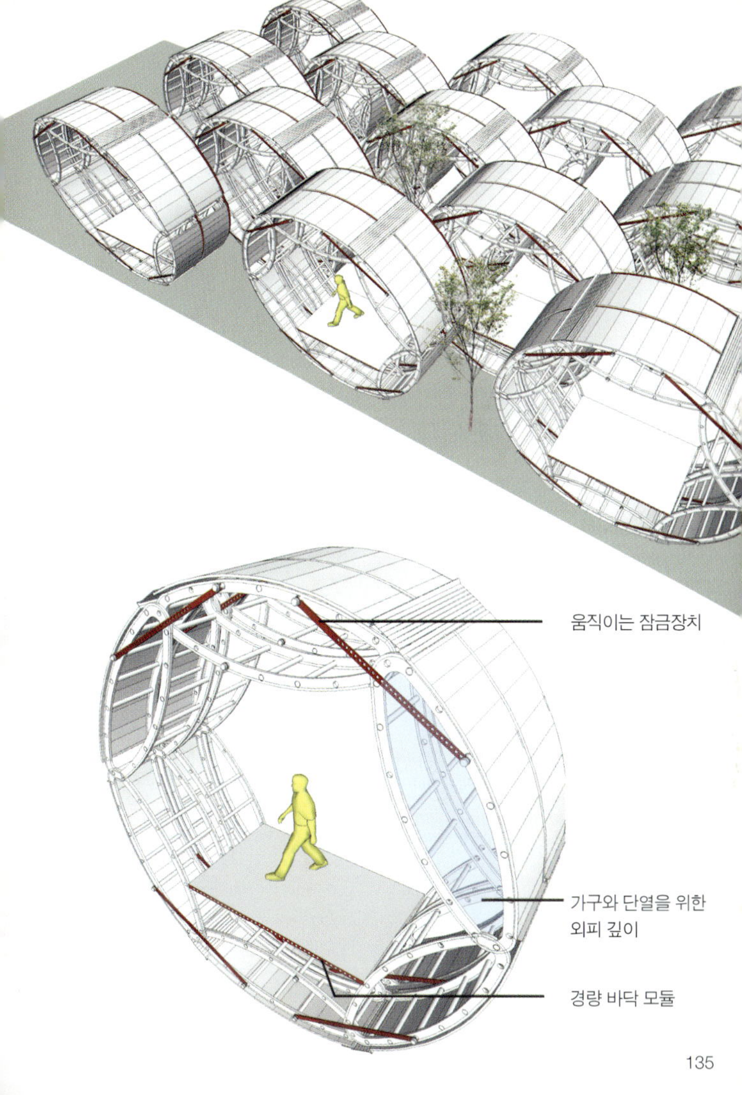
움직이는 잠금장치
가구와 단열을 위한
외피 깊이
경량 바닥 모듈

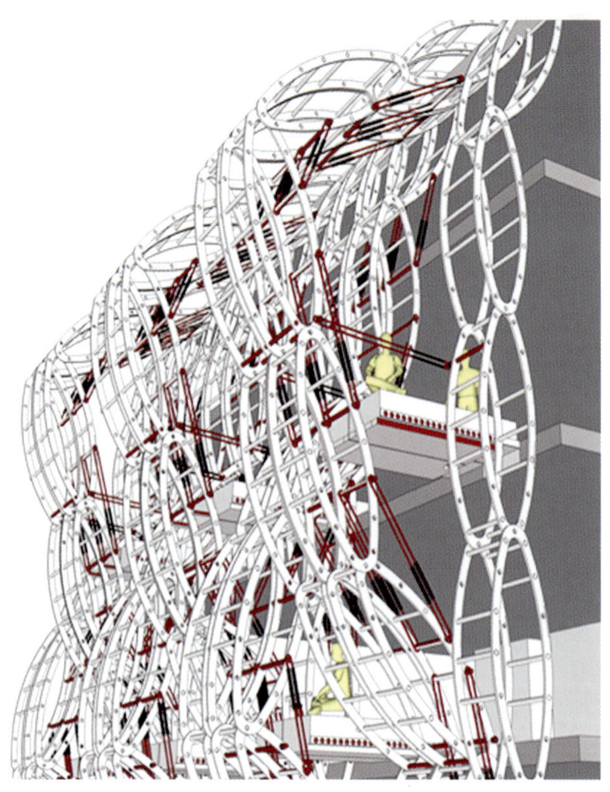

체인 프레임

Chain Frame

셀 CELL

모양 SHAPE

변화 CHANGE

구조적인 절점이
고정될 수 있다면,
그것이 어떻게 공간과 에워쌈의
아이디어를 변화시킬까?

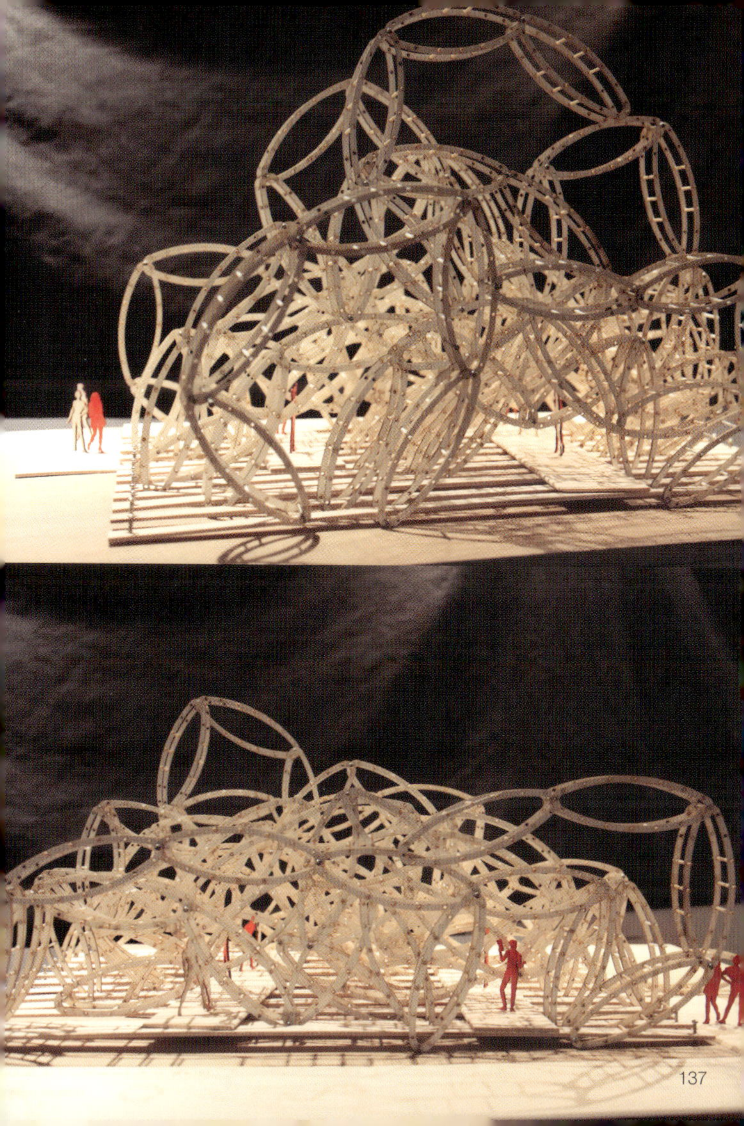

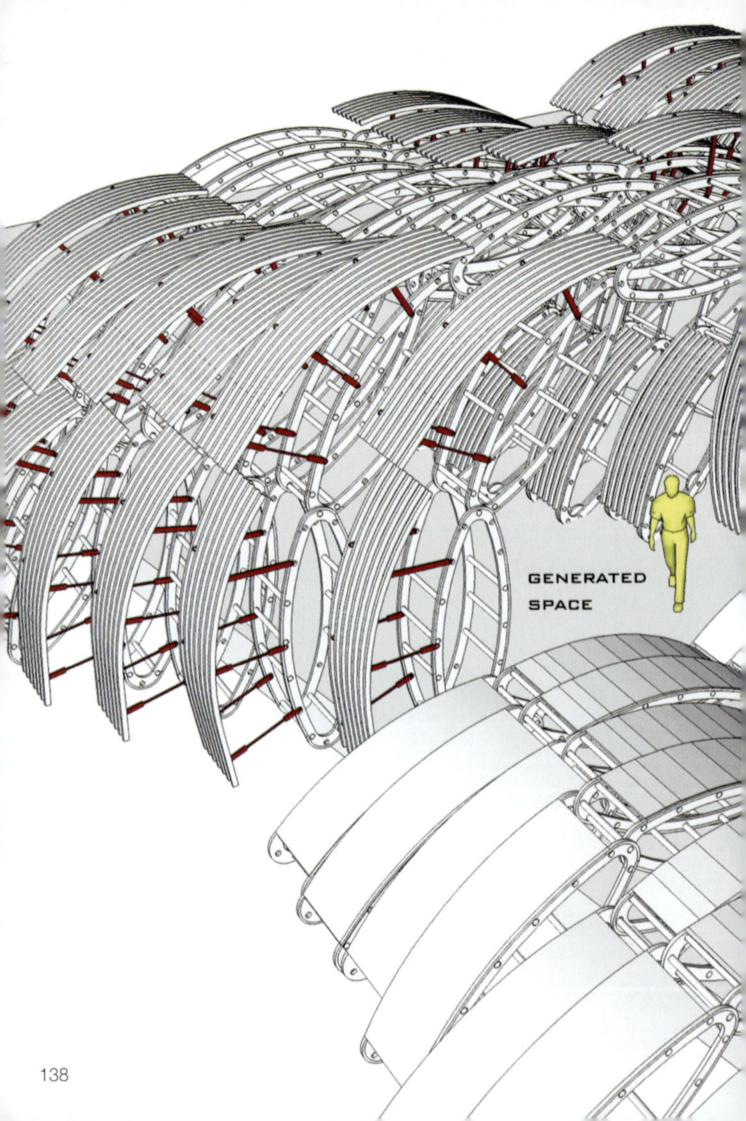
GENERATED
SPACE

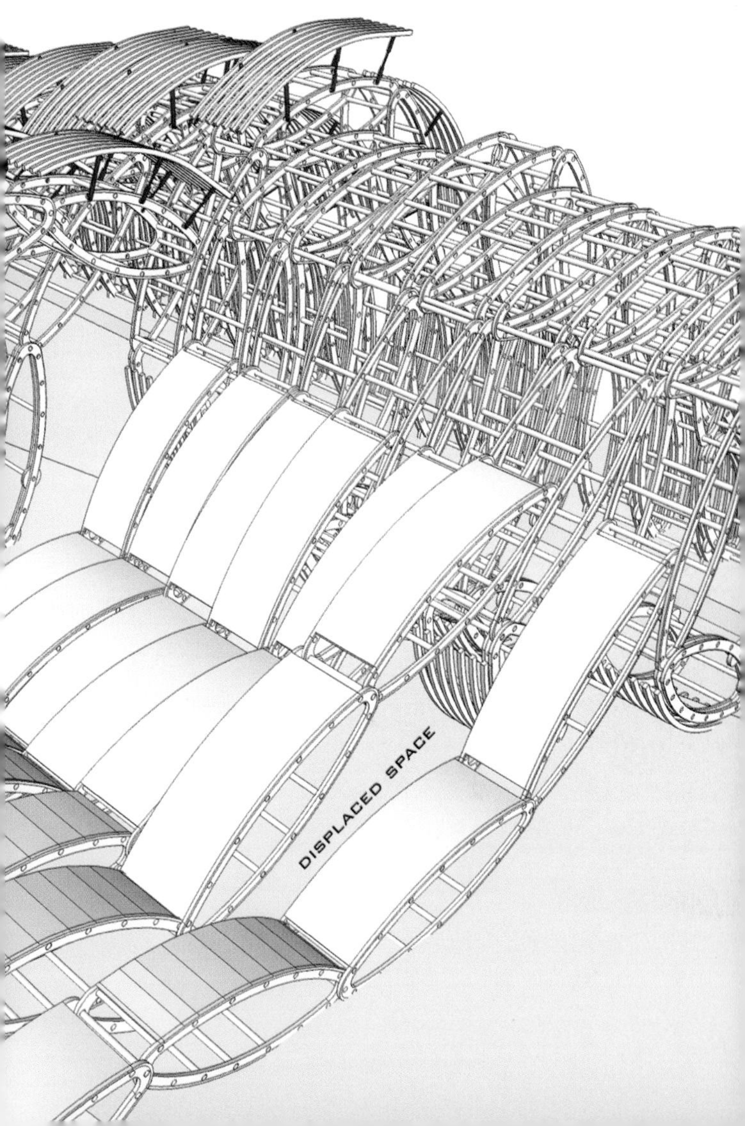
DISPLACED SPACE

모양SHAPE: 건축의 형태form는 철학적 추론과 문화적 해석에 영향을 받는데, 한 건물의 모양shape도 역시 어떤 물리적 성격, 즉 대지와 전망, 빛과 공기에 대한 권리들의 실질적인 제약들에 반응할 수 있다. 비틀리고 기울어진 모양들은 오피스 타워의 유형학에서 눈에 띌 정도로 순환적으로 등장하는 모양들로서 건물 형태로서는 본질적인 불안정성을 갖는다. 모양에만 기인하는 구조의 문제들을 다루는 걸 넘어서서, 이 스튜디오 실험들은 보강 및 안정화 대책들을 통해 내부-외부 공간 관계들에 대한 가능성을 탐구했다.

비틀린 타워 1 Twisted Tower 1: 비틀린 타워들은 비틀림torsion을 만들어낸다. *비틀린 타워들에 코어가 없을 경우에도 제약이 있을 수 있을까? 그것들이 매우 세장한 비율을 가질 수 있을까?*

네 개의 수직적으로 비틀린 부재들이 그 수직 높이에 걸쳐 세 군데의 중간 지점들에서 횡 방향으로 함께 결속되었다. 이런 결속은 그 구성의 세장한 비율slender proportion들은 유지하되 종횡비aspect-ratio를 개별적인 타워의 접지면적footprint 한계 너머로 향상시키는 효과를 가져왔다. 동시에, 그것은 개별 부재들이 서로 이탈하거나 독립적으로 좌굴buckling이 일어나지 않게 해주었다. 입면 상 반대방향으로 기울어진 비틀린 기둥들은 평면상에서 반대 방향의 비틀림 형태로 발전되는 회전력torsion force들을 막아주었다. 공간적으로는, 평면의 경계를 이루는 뒤틀린 표면들이 그 내부를 정의하였다. 비틀린 타워들의 각 층이 높이에 따라 회전했을 때, 바닥 평면들이 일치하지 않는 곳에서는 비틀리는 외피와 바닥/천장 면들이 잠재적인 틈새 공간을 형성했다. 이는 층간의 시각적 연결을 위해 주요 내부 공간에 대한 교호적인alternate 스케일을 만들 수 있었다. 네 개의 비틀린 타워들 사이의 외부 틈새 공간은 중간의 황 방향 결속들에 위치했다.

비틀린 타워 2 Twisted Tower 2: 삼각화된 피라미드형 모듈들이 비틀림 강성torsional rigidity에 미치는 효과들을 고찰했다. 이 전략은 수직 경간 내의

하중을 흡수하여 구조를 보강하는 효과가 있는 것으로 드러났다. 하지만, 극심하게 형태가 비틀리면 국소적으로 분산된 힘들이 이웃한 보강 부재들로 효과적으로 전달될 수 없어서 하중이 실린 단면을 부러뜨리는 전단력shear force들이 그 형태를 더 약화시켰다. 두 가지의 탐구를 발전시켰는데, 첫 번째 탐구에서는 연속적인 층들을 규칙적으로 회전시키면서 평행한 면들 속에 기울어진 지주들을 보강용 가새로서 배열하여 그 비틀림의 합리화를 시도했다. 바닥 평면들은 장사방형(rhomboid: *마름모가 아닌 평행사변형: 역자 주) 패턴에서 삼각화된 패턴으로 대체되었다. 이는 비틀림에 저항하면서 하나의 등변 삼각화된 패턴으로부터 구조적 캔틸레버들을 감소시키는 효과를 가져왔다. 두 번째 탐구에서는 바닥 평면들의 비례를 다양화하여 비대칭적인 비틀림을 탐구했다. 이 팀은 비틀림과 좌굴에 맞서 타워의 강성을 높이기 위해 내부 보강 가새들에 의지했다. 대비되는 비례 속에 교대하는 바닥 평면들에 의한 심각한 비틀림이 편심성을 더욱 키우면서 비틀림과 좌굴이 현저히 증폭되었다. 그 궤적들이 서로 반대를 이루었을 때, 이 다면체 타워는 가장 큰 강성을 갖는 동시에 다양한 틈새 공간들을 만들었다.

비틀린 피라미드 Twisted Pyramid: *피라미드의 평면들에 전단변형과 비틀림이 일어난다면, 어떤 틈새공간과 내부공간이 가능할까, 그리고 우리는 그 공간들 속을 어떻게 움직이게 될까?*

푸른색의 경사로는 비틀린 피라미드의 바깥에서 상승하며 올라간 다음 그 안에서 하강하는 하나의 나선형 경로를 표시한 것이다. 이 피라미드의 구조는 하나의 바깥 나선을 지지하는 하나의 안쪽 나선으로 구성되었는데, 이는 불규칙하고 비대칭적인 피라미드 속에서 면외압out-of-plane forces들에 저항하기 위한 것이었다. 그 구조를 비틀린 표면상에 국한시키면서, 삼각화된 지주들을 활용하여 경사로 발판이 캔틸레버로 매달리는 하나의 구조용 관을 형성했다. 그 회랑 효과는 피라미드의 내 · 외부 간에 나타나는 표면 경사들과 대비를 형성했다.

기울어진 피라미드 Inclined Pyramid: *하나의 장사방형 평면으로부터 두 개의 피라미드 볼륨들이 일어난다면, 그 공간들과 그것들의 구조는 어떻게 연결될까?*

이 계획은 서로 대각선상에서 높은 지점들까지 오르는 두 개의 고층 피라미드 공간들을 가로지르는 하나의 중심적인 척주로 개념화되었다. 피라미드의 공간들은 각각 두 모서리들을 따라 지지되는 캔틸레버 지붕들에 의해 정의되었다. 하나는 둘 모두에 공통된 척주를 따라, 다른 하나는 그 척주에 비스듬하게 접합되는 한 선을 따라 존재한다. 가장 두꺼운 단면을 가진 양발 달린bipod 기둥들은 비스듬하게 튀어나온 지붕 평면을 따라, 주요 공간 볼륨들의 교차 지점들에 있는 중심적인 척주 공간을 차별화했다. 반대쪽의 줄지은 기둥들은 접힌 표면 패턴으로 부채꼴로 퍼져나가면서 지붕면들을 따라 강성을 획득했고, 오직 큰 스케일로 기운 두 표면들과 지면만으로 공간을 정의했다.

가늘어지며 기울어진 타워 Tapered Inclined Tower: 기울어진 타워 구조는 내부 경계의 기둥들이 더 큰 하중을 유도하고 지반에 면한 층에서는 실용적이지 못한 큰 부피의 단면들을 필요로 한다. 수직 코어는 횡력lateral force에 대한 어떠한 저항도 제공할 수 없는 부분이다. 따라서 그 건물의 외부 표면이 개별 기둥들로부터 하중을 분산하고 횡강성lateral stiffness을 제공하기 위한 튜브 구조로서 활용된다. 전복은 사하중dead load을 분배하여 막을 수 있다. 이 스터디에서, 상부의 기울어진 부분은 코어 반대편의 하부와 균형을 이루었다. 기초를 더 무겁게 하기 위해, 기초에서 최상층으로 올라가면서 바닥 판들을 점점 더 가늘게 했다. 일단 건물의 무게중심이 그 중심축에 가까워져 건물 하단의 접지면적을 관통하게 되면, 자체 무게만으로 넘어지지는 않았다. 최상층 캔틸레버 방향으로 건물의 접지면적을 확장하려면, 지하 단면 속에서 부벽buttress feet을 형성하는 전단벽들이 하부구조에 필요할 것이다. 외부 파사드들은 그 기울기에 상대적으로 힘이 분포되는 가운데 다공성의 대비를 이루면서 내 · 외부 공간 관계들의 특질을 다양화했다.

오프셋 타워 Offset Tower: 수직 배열에서 의도적이고 극한적으로 이루어진 이 오프셋offset 역4)은 옥상 테라스(최상층)와 오버행overhang 역5)(하단부)의 아이디어를 탐구했다. 한 가지 아이디어는 하중 변형들을 막기(상쇄시키기) 위해 그 튜브 구조를 반대쪽 면에서 포스트텐션post-tension 공법으로 긴장되어 압축력을 받는 파사드들로 합리화하는 것이었는데, 이는 더 투명한 인테리어와 더 어두운 인테리어를 각각 탐구할 기회였다. 하지만, 보다 조밀한 격자 간격으로 휨과 비틀림을 막아야 했기에 그러한 특성화의 가능성이 줄어들었고, 특히 타워에서 오프셋 되는 부분에서 그러했다. 상부의 오프셋이 만드는 캔틸레버의 범위는 바닥 평면의 중심축에 위치하는 수직 엘리베이터 코어로 인해 줄어들었다. 보다 중요한 것은, 전복을 방지하려면 하부구조의 평면 내에 그 중심축이 통과해야할 필요가 있었다는 점이다.

공간적인 새로움이 그 고비용 구조의 범위를 정당화하게 될까? 오버행과 옥상 테라스의 범위가 그 타워에서 미미한 부분을 차지한다면, 그렇지 않을 것이다. 따라서 그 수평적인 형태 요소를 늘리게 되면, 그것과의 안정을 유지하기 위한 두 번째 타워를 도입하여 두 타워들을 횡적으로 안정화시키는 하나의 연결된 구조를 형성할 필요가 있을 것이다.

꺾인 타워 Bent Tower: 이 프로젝트는 38층의 오피스 타워를 위한 구조 스터디였는데, 첫 16개 층은 15도의 기울기를, 다음 22개 층은 반대 방향으로 30도의 기울기를 갖는 타워였다. 이 타워는 하부보다 상부에 더 많은 층들이 있었기 때문에 전반적인 무게중심이 하단 부분을 통과하지 않는다는 문제를 제기했다. 상부의 기울기로 인해 그 '꺾인 부분' 에 휨 응력들

역4) 높이가 높아질수록 일정하게 이루어지는 단계적인 벽의 후퇴, 셋백(setback)이라고도 한다.
역5) 지붕이나 발코니 등의 돌출된 내물림

이 발생했고, 전체적인 구조는 본질적으로 불안정하여 넘어질 위험이 있었다. 이것을 방지하기 위해, 무게중심이 타워의 중심축에 더 가까이 가도록 엘리베이터 코어를 위치시켰다. 그 코어의 접지면적과 타워 높이의 비율이 횡하중에 저항하기에는 부적절했기 때문에, 전체적인 건물 표면을 튜브 구조 형식으로 하여 구조적인 역할을 할 수 있게 했다. 휨 응력들은 2개 층의 깊은 전달 구조를 통해 개선되었고, 이로써 중간 높이 부근에 건물 서비스 영역을 위치시킬 수 있었다.

돔이 아닌 돔Non-Dome: *무거운 집중하중들을 견뎌내는 경량 지붕이 가능할까?*

이 프로젝트는 하나의 돔 형태로 (전쟁 박물관의 비행기와 같은) 대규모 전시물들을 매달기 위한 하나의 지붕 시스템을 연구했다. 구조상의 어려움은 높은 곳에 위치한 전시물들이 만들어내는 큰 집중하중들을 수용하면서도 무거운 구조들이 지붕 조명을 방해하지 않게 하는 것이었다. 따라서 경간의 중앙에 구조용 아치들을 쌓는 건 대안이 아니었다. 결정된 대안은 높은 곳의 집중 하중들을 받는 지지 부재를 지붕 부재로부터 분리하는 것이었다. 전시물들은 돔의 가장 높은 부분에서 방사형으로 퍼지는 캔틸레버에 매달릴 수 있었다. 그 튜브는 하나의 구조적인 격막diaphragm으로 작용하는 바닥 판들에 의해 횡 방향으로 결속되었다. 돔 표면에서 채광에 활용되는 나머지 부분은 지반의 지점들buttress points로부터 방사형의 캔틸레버로 퍼져가는 세장한 평면 트러스들에 의해 떠받쳐졌다. 하지만, 이후의 스터디들에서는 대각 보강 가새로 좌굴 길이를 줄이고, 하나의 연속적인 격자 셀에 근접시키기 위해 그 평면 부재들을 3방향 격자 패턴으로 강화할 필요가 있었다. 하나의 중심적인 지지 구조를 활용한 이 구조는 엄밀히 말해 아치들만을 기본 지지 구조로 활용하는 돔 구조가 아니었다.

변화 CHANGE: 시간이 지나면서 용도의 변화를 수용해야하는 기능적 요구

조건들은 건물 단면의 구조적 연속성에 영향을 미친다. 어떤 건물이건 그것은 그 수명기간 동안 그것의 물리적인 외피 속에 담기는 여러 공간적 용도와 수요의 변화들에 영향을 받을 것이다. 변화의 수용에 있어서 유연한 건물flexible building이라는 개념은 본질적으로 비결정성을 암시한다. 하지만 유연성 구조를 설계할 때 그것은 단지 어떤 주어진 시스템의 한계들 속에서 폭넓게 이루어지는 가장 가능성이 높은 대안들을 제시하는 것에 불과하다. *그러나 유연성을 제공하는 게 어떻게 구조적인 편심성을 만들어낼까?*

내부 기둥을 없애는 일은 건축에서 끊임없이 추구되는 한 조건이지만, 지난 20년간의 초점은 그 바닥에 있었다. 일반적으로, 구조용 슬래브들은 건물 단면상으로 공간을 분리하고 내부 기둥들은 내부의 파노라마들을 손상시킨다. 저층 건물에서의 이러한 '주어진' 조건을 극복하기 위해, 다음의 연구들에서는 슬래브의 유형학과 바닥의 개념을 검토하였다.

VPRO 본사 개조VPRO HQ Makeover: 내부 슬래브 경계 부근에 빈 공간을 뚫고 판들을 접어내어, 내부 공간을 하나의 연속체로 해석하는 동시에 내부 지지구조를 최소화한 대안적인 구조 전략들을 탐구했다. 기둥들과 그것들의 구획은 건물 매스를 관통하며 자연채광과 환기를 가능케 하는 빈 공간들과의 상대적인 관계 속에서 더 나은 곳에 위치하도록 재조정되었다. 최초 분석은 수직으로 연속을 이루는 선들에 초점을 맞췄다. 인장 부재들의 심한 기울어짐은 몇몇 빈 공간들이 정렬되어 있지 않음을 드러냈다. 빈 공간의 외곽 라인들 또한 (센다이 미디어테크처럼) 튜브 기둥들의 배치가 가능한 압축력을 받는 경로들로서 연구되었다. 각진 윤곽들도 역시 평면 슬래브들이 그 표면들과 떨어져 지지될 경우 정렬이 심하게 안 되어 있으면 휨 응력들이 커짐을 보여줬다. 다음으로는, 최상층에 매달린 하중전달 구조라는 개념을 고려하였다. 지붕 높이에 위치하는 그 구조는 인장력을 받는 기둥들이 모든 바닥 판들을 지지하게 하는 기본 방식이 될 것이었다. 그 전달 구조는 바닥판 내에 뚫린 불규칙한 빈 공간들의 경간과 무작위적인 위치에 대처할 충분한 견고성을 지니도록 4방향의 격자형 거더들로 이루어지며 한 층의 높이를 가져야 했고, 그 거더들을 떠받치는 네 개의 주요한 구조적 코어들은 코어에서 건물 모서리까지 뻗는 캔틸레버들을 전반적으로 줄일 수 있는 곳에 배치되었다. 그 다음 4방향의 격자들이 교차하는 지점들로부터 국소적으로 떨어진 지점에 인장력을 받는 기둥들을 위치시킴으로써 모든 바닥 판들 속의 빈 공간들이 형성되었다. 그 내부는 인장력을 받는 기둥들이 시각적인 가벼움과 투명함, 그리고 부유하는 공간적 볼륨의 효과를 만들어낼 수 있도록 외곽으로부터 뒤로 물린 고립된 코어들을 통해 변형되었다.

래티스역6) 셸Lattice Shell: 대각격자diagrid를 형성하는 네 겹의 교차 면들을 실험했다. (두 겹의 목재 단편들로 만든) 두 개의 평면들이 한 방향에서 덮어나가면서 반대 방향에서 덮어나가는 다른 두 평면들과 교차했다. 그 평면들을 따라 일어나는 움직임은 금속 죔쇠들을 통해 가능했는데, 그것들은 그 대각격자들의 교차지점들에 고정되어 수직적인 휨flexing과 수평적인 회전pivoting을 허용했다. 이 래티스는 1차 자유도의 메커니즘을 형성했다. 한 목재 부재가 다른 부재에 평행한 방향으로 움직이면 정사각형 모양의 전체 틀이 평행사변형으로 변했다. 이러한 움직임은 그런 방식으로 대각선들의 길이를 변화시켰고 래티스가 하나의 복곡면doubly curved 셸을 이룰 수 있게 했다. 이 래티스 셸은 그 목재 단면들에 휨을 가해 집중하중들에 저항했고, 이는 그 셸의 큰 움직임들과 더불어 목재 단편들 간의 각도 변화를 일으켰다. 따라서 그 셸의 전반적인 모양이 크게 변화할 수 있었고 이 때 그 셸의 움직임에 저항하기 위한 대각 강성이 필수적이었다. 비록 래티스 셸들은 60년대에 지어졌지만, 공간적 특성을 변화시킬 수 있는 그것들의 잠재력은 가변적인 지지 메커니즘들을 지닌 하나의 동적 시스템으로서 더 탐구될 수 있다.

역6) 격자를 뜻하는 래티스(lattice)와 그리드(grid)의 차이는 전자가 두 축에 평행한 선들이 교차하며 이루어지는 모양을 통칭하는 반면, 후자는 두 축의 각도가 직각인 경우만을 지칭한다는 점에 있다.

변신 브리지 Transformer Bridge: 계절별로 학기 중에 열리는 대규모 행사들의 수요가 변동하는 문제는 학생들의 캠퍼스 활동이라는 맥락 속에서 해결될 수 있다. 이 전략은 수용력이 부족한 건물들을 더 짓거나 캠퍼스 외부의 공간들을 임대하지 않고 빌트인built-in 방식의 형태 변화 능력들을 활용한 혼성 구조물들을 발전시키려는 것이었다. 이 프로젝트는 캠퍼스의 교통 기반시설을 다목적 건축과 통합했다. 한 교량의 기본 구조가 다양한 학생 프로그램들을 수용하도록 내부 배열을 형태 지을 수 있는 움직이는 바닥판들을 가능케 했다. 그 활동들은 교량 구조의 기초를 이루는 일련의 바닥 틀로 해석되었다. 공간 구성의 변화는 구조적인 틀 속에서 바닥판들의 상대적 위치들을 변화시킴으로써 이루어졌다. 이는 바닥판들이 기둥들과 보들에 연결된 트랙들을 따라 미끄러짐으로써 가능했다. 필요한 레이아웃들의 범위를 해결한 다음 내부의 기둥들을 최소화하였다.

확장 브리지 Expanda Bridge: 그 구조의 모양 변화가 외부 공간과의 상대적인 관계 속에서 내부 공간의 구성과 위치를 어떻게 변화시키는지를 탐구했다. 이 교량은 그것의 상부 공간과 경간 비율들을 바꿔가며 그 모양을 변화시키고 그 길이를 확장했다가 되돌렸다. 그 구조가 에워싸는 간극 역시 내부 공간에 여러 수준의 자연광을 받아들이는 움직임에 따라 변화했다. 이 계획은 본래 건축적인 개념을 이끄는 제어 조명controlled lighting을 지닌 한 채플이나 작은 예배 공간으로 발전되었다. 구조적으로 이 브리지의 동적 차원은 바깥으로 감긴revolute 1차 자유도의 자유단hinge들을 통해 능란하게 제어되는데, 그 자유단들은 경간의 중심들로서 하나의 원을 그리며 배열되며 양쪽 끝에서는 상보적인 나선 모양을 그린다. 기계적으로는, 이 브리지에서 모양을 변화시키는 부재들이 하나의 고정된 데크가 떠받치는 레일들을 따라 미끄러지게 할 계획이었다. 변신 브리지와 확장 브리지는 모두 기둥 없이 동적인 공간을 정의했고 그것들이 이루는 평면들을 긴 경간에 걸친 지지 구조로서 탐구했다.

타워 브리지 Tower Bridge: 이 프로젝트는 피르코 바이니오Pirkko Vainio의 이야기인 '꿈의 집The Dream House'에서 영감을 받았다. 이 구조에는 두 가지의 주요한 모양이 있다. 수직적인 모양이 될 때 그것은 하나의 관람 타워로서 기능했고, 수평적인 모양에서는 하나의 교량으로 변형되었다. 이 타워의 모양은 공간적으로 수축되었고 수축된 구조들은 재료가 겹쳐진 형태로 일종의 축열체thermal mass를 제공했다. 이 브리지가 바깥쪽으로 확장되어 플랫폼들을 지지할 때에는, 반대로 하나의 오픈 스페이스로 변화했다. 그 구조는 모든 전개 단계에서 안정적으로 구성되었고, 그로 인해 타워로 접히거나 선형적인 경간 구조로 극적으로 펼쳐지는 게 가능했다. 집전기pantograph 역7)의 구조를 갖춘 이 도개교drawbridge는 수직적인 모양일 때부터 케이블 지주들에 의해 고정되어 있다가 60m까지 캔틸레버 지지될 수 있었다. 직립한 모양의 타워는 윈치로 제어되는 케이블을 통해 수평적인 면으로 펼쳐졌다. 도개교의 팔에 부착된 유닛들은 개별적으로 회전이 가능하도록 한 쪽이 고정된 채 직립을 유지했다. 집전 구조의 활용으로 바깥 방향의 힘을 제공하여 유효 플랫폼을 확장함으로써 캔틸레버가 되는 경간을 두 배로 늘릴 수 있었다. 동시에, 그것은 하나의 경사로와 두 개의 측면 보도들을 밀어서 펼쳐냈다. 1차 자유도의 이음 체계를 갖춘 이 집전 구조는 최대한의 확장과 더불어 수축 시에는 매우 콤팩트한 형태를 가능케 했다.

절벽 숙소 Cliff Lodge: 절벽 면에 자리를 튼 이 방들은 암벽 등반가들을 위해 계획되었다. 체크인은 절벽 꼭대기에서 이루어지고 도로나 아래의 보트용 부두를 통해 접근이 이루어진다. 이 방들의 구조는 목재 널빤지들과 텐트 커버들을 고정하는 대규모의 배낭 프레임들로 이루어진다. 방의 케이블 및 프레임 구조들은 강재나 고강도 알루미늄으로 만들어져 앵커들로 고정된다. 절벽 꼭대기에 위치한 윈치 크레인을 이용하면 방들의 높이를 낮추거나 위치를 이동시킬 수도 있다.

역7) 전차나 전기기관차 등에 쓰이는 장치로, 마름모꼴로 접히는 지붕의 틀에 가선(架線)과 접촉하는 집전부를 갖추고 있다.

타워크레인 공동주거 Tower Crane Housing: 기존 도시 조직위의 건설이라는 맥락에서 전개 가능한 고밀도의 공동주거 계획을 개념화했다. 반대로 이 시스템은 변화하는 대지 조건들과 점유율에 적응하며 변화할 수 있었다. 기본 구조들은 대규모의 구역들로 이루어지는 한편 주거용 객실들은 패널화된 항목들로 개념화되었다. 이 프로젝트는 대규모의 구역들에 쓰일 타워 크레인 팔들의 활용과 더불어 임시 주거 객실들에 포함될 (단열처리가 된) 스테인리스 스틸 주방용 싱크대들을 탐구했다. 그 공중부양 구조는 에너지와 통신을 위한 기반시설과도 통합될 수 있었다. 공동사용 데크들, 개인 발코니와 진입 발코니들이 그러한 부품 키트에 쉽게 통합되었다.

공중 농장로 Aerial Farmway: 경작지 부족에 대한 세계적인 관심을 다루며, 싱가포르에 있는 12층의 공공 아파트들 사이에서 사용되지 않는 공간을 채소 농작을 위한 대지들로 통합하기를 제안했다. 기울어진 채소 화단 연결골조들은 이 주거의 수직 접근로에 인접한 네 군데의 계단 코어들로 이어지는 개선된 강재 구조들에 의해 지지되었다. 기존 주거 유닛들의 복도식 접근로가 제안된 농장로들에 면하기 때문에 프라이버시는 침해되지 않는 대신 그 주거 유닛들은 공중의 식용채소 정원으로부터 혜택을 얻었다. 수경재배hydroponic 시스템들이 농작물 수확량을 증가시켰고 빌트인식 컨베이어 벨트들이 농작 운영에 활용되었다. 기울어진 연결골조 화단들의 위치는 태양경로에 따라, 그리고 여러 종들에 가장 알맞은 성장에 요구되는 노출시간에 따라 결정되었다. 이러한 골조들은 중정의 자연채광과 환기를 가로막지 않았다. 단순한 1방향 구조인 그 구조는 기울기와 경간을 조정할 수 있었다. 중정의 기단에는 신선한 생산물을 파는 시장이 조성되어 근린 공동체의 심장부를 형성했다. 공공의 공중 농장로들은 연결골조 화단들과 통합되고 서비스 접근로들과는 분리되었다.

셀 CELLS: 트러스와 아치 같은 구조 유형들은 모양과 스케일에 관하여 효율성을 지닌다. 이런 효율성들은 레이아웃과 구성 위에 이루어지는 위계의 형성을 내포하는데 그것이 건축적인 개념화와 동시적으로 일어나는 일은 거의 없다. 여기에서 주목하고 있는 패턴들은 공간에 아무런 위계를 두지 않으며, 그것들이 받는 힘들에 의해 시각적으로 크기를 차별화한 구조 부재들의 시스템들을 제시하지도 않는다. 보다 작은 부차적인 요소들 속에서 패턴에 초점을 맞춘다는 것은 곧 그 표면을 의미하는 것이다. 이런 패턴들은 사실상 다차원적이고, 힘의 네트워크들이나 하나의 열린 재료, 혹은 시간에 따라 변화하는 속성들로서 해석될 수 있다. 건축을 구조로 해석해보자면, 그것은 구조와 형태, 그리고 공간에 대한 상향식bottom-up의 반위계적 접근 속에서 구조적인 셀들을 연결함으로써 일어난다. 건물과 연관되지 않은 구성요소들의 범위로 인해, 그렇게 구성된 제안들은 프로그램적인 적응과 대지-생태학적 관계들, 더불어 건축의 물리적 측면과 무형적 측면을 제시하고 재정의함에 있어서 엄청난 잠재력을 갖는다.

구조 형식에 대한 연구들이 한 단일 요소의 순열들로서 진행될 때, 단면 구성들은 폭넓은 범위의 평면 형태들과 순 경간clear span들을 가정할 수 있는 재조합적 형태들로서 생성될 수 있다. 전체적인 구조적 구성들이 생겨나게 하기 위한 그 구조적 셀의 디자인 접근법은 절점node이나 경계edge에 중심을 둠으로써 그 요소의 연결 절점과 그것의 정렬이 이루는 기하형상이 x, y, z축 방향에서 공간을 아우를 수 있는 방향들을 설정한다. 연결자connector들과 기초footing들을 설계하여 개시자 셀starter cell의 특정한 기하형상을 조합함으로써 폭넓은 범위의 해결책들을 생성시킬 수 있다.

패널화된 전개가능표면 Panelized Deployables: 알루미늄 셀들로 구성된 하나의 구조용 파사드를 탐구했다. 알루미늄 합금 T3003으로 찍어내거나 가압 성형할 수 있는 피복 패널들의 전형적인 사이즈들은 1.2×2.4×3mm이고, 최대 사이즈는 2×6×4mm이다. 셀룰러 패널들의 기하형상은 접힌folded 패턴들을 탐구함으로써 얻어졌다. 그 접힌 주름들은 채광과 환기, 구조적 강성, 그리고 모서리 접합을 위한 개구부들을 보호했다. 압축력들은 융선ridge들과 골valley들, 그리고 그 접힌 면들의 표면을 따라 직

접 전달되었다. 또한 셀의 기하형상을 탐구하여 지붕과 같은 폭넓은 범위의 대형 표면들, 그리고 한 작은 채플을 에워쌀 전체 구조들을 재조합 형태들로 형성하고자 했다. 생성된 표면들이 교차하는 지점과 꺾이는 지점 등 필요한 곳에서 부정형적인 셀들이 생성되었다.

체인 프레임 Chain Frame: *하나의 프레임이 그 강성을 잃고 모양을 변형시켜 단면상의 공간 변화를 일으킬 수 있다면? 하나의 연쇄사슬 구조를 가능케 하도록 적절하게 위치하는 자유단 절점들을 고정할 수 있다면?*

이 프로젝트는 연속으로 연결되어 긴 '체인 프레임들' 로 평행하게 배열되는 알 모양의 셀들을 활용했다. 외곽 곡률을 따라 부착된 피복용 패널들은 내력 성능load bearing을 위한 모양과 다른 내후 성능weather protection을 위한 모양을 하기 위해 체인 프레임으로부터 확장될 수 있었다. 이 시스템은 곡선적이고 비대칭적인 단면들에 대한 극히 폭넓은 적응가능성을 제시하고 그것을 통해 많은 공간적인 응용들을 탐구했다.

텐서그리티 역8) **변이들**Tensegrity Mutations: 케네스 스넬슨Kenneth Snelson은 그의 예술 형식을 '3차원 공간 내에 있는 물리적 힘들의 패턴들' 로 보았다. 풀러Fuller와 함께 한 그의 작업은 하나의 연속적인 케이블 네트워크 속에 막대들이 불연속적으로 배치되는 케이블-지주 시스템들을 탐구했다.1 텐서그리티 구조들의 모양 변화는 안정적인 막대들이나 케이블들의 길이를 변경함으로써 일어날 수 있다. 그 모양 변화는 하나의 기하학적 변화로 시각화될 수 있고 그것은 그 절점 위치들에 상응하는 기준 궤적을 필요로 한다. 이 스터디들은 튜브와 돔 표면들로부터 자유 형태 표면들로 텐서그리티를 변형하는 시도들이었다. 케이블들은 항시 인장력을 유지해야 하므로, 케이블들이 연결하는 절점들 간에는 충돌 방지를 위한 최소한

역8) 'tensional' 과 'integrity' 의 합성어로 말 그대로 풀이하면 '인장력의 완전무결함' 이란 의미로, 압축력과 인장력을 완전무결한 조합 속에 활용하는 시스템을 말한다. 이러한 텐서그리티 시스템을 갖는 생체들이나 물체들은 그것의 강도와 탄성이 그 구성요소들이 갖는 강도와 탄성의 합을 초월한다.

의 거리를 유지해야 했다. 텐서그리티가 작용하지 않는 스터디에서 제시된 일부 곡률들에는 한계가 있었다. 이런 현상은 케이블들이 서로 교차하거나 압축력이 서로 만나게 되면서 케이블들이 느슨해졌을 때 일어났다.

자전거 프레임 변이들 Bicycle Frame Mutations: 자전거 프레임들은 육각형의 구조용 셀에 방사형으로 연결되었고, 내부 공간 구조를 정의하기 위해 길거나 폭 넓은 경간의 구조용 튜브와 결합되었다. 구조적인 절점들은 전단과 비틀림, 그리고 휨에 저항할 뿐만 아니라 바닥 및 지붕 패널들을 포함하는 내 · 외부 피복 재료를 수용하도록 설계되었다. 자전거 프레임으로 만들어진 구조의 깊이는 보호된 환기와 차양 덮개, 그리고 창문 조립을 위한 피복층 및 계절풍 환기구들을 만드는 데에 활용되었다. 그 이음들은 현장 조립이나 현장 외 조립, 그리고 맞춤화된 피복을 가능케 했다.

비대칭 상호지지구조 Asymmetric Reciprocals: 남동아시아와 마다가스카르, 그리고 태평양제도가 원산지인 목재 빈탕고르Bintangor: *Calophyluminophyllum*는 아시아에서 건설용 비계로 사용된다. 2방향 죔쇠들이 연결하는 빈탕고르 막대들은 구조적인 자유 형태들을 생성하는 하나의 효과적 수단을 제공한다. 죔쇠들과 중첩하는 막대들의 구조적 결합은 상호지지 작용reciprocal action과 더불어 불규칙한 형태들을 탐구할 기회를 가능케 한다. 그것의 좌굴 저항성은 막대들과 연결 부위들의 수, 연결 위치들, 그리고 그것들이 연결되는 방식과 관련된다. 그 다층적인 연결망은 좌굴에 영향을 덜 받으며 모든 방향에서 강성을 갖도록 구성되고, 순차적인 층화는 집중하중이 작용하는 곳에서 처짐을 줄이기 위한 시도이다. 움직임이 불가한 상호지지 구조들의 경우처럼, 부재들의 처짐은 부재들이 한 층으로 이루어진 박막 격자lamellar grid 구조들에서보다 덜 하다. 이 스터디에서, 빈탕고르 막대들은 비대칭적인 패턴 속에 있었다. 그 막대들은 받은 분포 하중들을 함께 모아 그 경간을 따라 집중 하중들로 전달했다. 처짐을 줄이기 위해 추가적인 막대들을 전략적으로 배치했고, 그로 인해 잉여분이 늘어나 덩어리의 강성은 상당히 높아졌다. 비록 그 패턴들이 무작위적으로 보이긴 했지만, 그것들은 실제로 응력이 집중되는 영역들에서 더 강렬하게 군집화되었고, 이것이 보다 폭넓은 범위의 자유 형태들을 지지할 수 있게 했다. 남겨진 빈탕고르 구조들은 식생을 떠받치거나 야생 군체 형성을 위한 자연적인 쉼터로서, 혹은 생물 보존적bio retentive 경관 내의 늪지 구조에 활용될 수 있었다. 생물분해적인 부가 기능을 갖는 대나무 구조들도 이와 유사한 잠재력을 지니고 있다. 그러한 것들의 적용과 디자인 접근법들은 건축과 구조, 그리고 조경의 학문적 경계들을 해소하고, 현 맥락 속에서 가설 구조물temporary construction의 개념을 다시 정의한다.

빛 LIGHT: *"(우리는) 형태를 상상하면서 시작하지 않는다. 대신 빛과 바람이 창문과 문을 통해 어떻게 흐를지를 상상하면서 시작한다." - 류 니시자와Ryue Nishizawa, 2009년 서펜타인 갤러리Serpentine Gallery에서.*

스며드는 빛과 드리워지는 그림자의 질에 영향을 미치는 방식을 기준으로 한 구조 설계의 아이디어는 재료와 재질, 모양, 그리고 지주 배치에 대한 일단의 연구들에 영감을 주었다. 열대 지역을 배경으로 한 이 스터디들에서는, 불투수성의 환경적 외피를 빛과 자연공기를 받아들이면서도 비는 막을 수 있는 하나의 다공성막porous membrane으로 대체하였다. 현휘glare 조건들은 형태와 깊이, 그리고 스케일의 표출에 있어서 그림자와 동적인 효과들로 변형되었다. 제안된 디자인들은 건축의 기본 요소로서 외피가 갖는 역할을 확장시켰다. 창문과 벽, 그리고 차양이 셀룰러 요소들로 구성되는 하나의 단일 개체로 합쳐지면서, 세 가지의 모든 기능들을 완전히 충족시킨다. 디자인 과정은 평면이 아닌 단면에서 시작되었다. 여기서 그 단면은 외부의 빛과 내·외부의 부재들에 드리우는 그림자들의 상호작용을 통해 그 평면을 정의했다. 이 디자인 연구들은 또한 에워싸는 재료와 구조를 위한 전략으로서 빛의 질에 초점을 맞췄다.

개화 파사드 Bloom Facade: 동적으로 접히면서 불투명한 표면에서 공극성 표면으로 변화할 수 있는 유닛을 탐구했다. 이런 능력을 통해, 그 유닛은 하나의 지지 구조와 하나의 동적 메커니즘을 발전시킬 기초를 형성할 것이고, 복제될 경우에는 동적 셀들로 이루어진 하나의 접합체가 될 것이다. 최대한의 중첩을 가능케 하는 접힘 패턴들을 탐구했다. 이런 속성은 한 주어진 표면 영역에 대해 가장 많이 펼쳐지면서 개구부와 불투명성을 극대화할 수 있는 유닛 패턴의 능력을 측정하는 하나의 척도였다. 그 접힘이 회전적인 움직임을 떠안으며 운동학적인 표면들로 발전되는 이후의 과정들은 다음으로 변환되었다.

(a) *바깥으로 도는 이음들과 상대적으로 위치하는 동적인 선들과 정점들.* 접히는 모양이 다양화되었고 개구부의 열림과 닫힘의 정도를 모서리와 정점의 대안적인 궤적들로서 연구했다.

(b) *바깥으로 도는 메커니즘들.* 그 회전하는 움직임은 유닛 표면에 수직 방향으로 적용되는 선형적인 힘에 의해 활성화되었다.

종이 접기에서 판지 모형들로, 그 다음에는 프레임과 외피 단계들로 옮겨가면서, 이 디자인은 두께 변화와 더불어 무게와 관성의 증가에 대응했다. 또한 펼쳐짐의 신뢰성을 확보하기 위해 하나의 이동식 이음을 안정화하고 움직임을 활성화하는 힘을 최소화하기 위해 이동 부위들이 갖는 무게의 균형을 맞추는 문제가 있었다. 가장 중요한 건, 차양 재질들을 중첩하여 그늘과 그림자의 다양한 정도들을 만들어내는 효과들이 디자인 탐구를 이끌었다는 점이다. 여기서 전체 차양의 특성들은 셀 규모에서 설계되었다. 따라서 벽 전체에 걸쳐 다공성이 다양할 수 있는 영역이 셀 집합 전체의 면적과 동등하다면, 차양에서 창문이 될 수 없는 부분이 없었고 그 역의 관계도 마찬가지였다. 유닛 셀들을 통해 모양을 변화시킬 수 있는 특징들을 갖춘 이 차양 구조는 전체적인 동적 파사드를 만들어내는 메커니즘들과 완전체를 이루며 발전되었다. 똑같은 기하학적 패턴이 네 가지의 목적들을 수행했다. 첫 번째로는 움직임의 경로들을 묘사했다. 두 번째로는 셀의 고정과 그 구성요소들의 움직임(힘의 경로)에 관여하는 구조들의 집합들을 재현했다. 세 번째로는 이음 및 연결 유형들을 정점들 그리고/혹은 모서리들에 배치했다. 마지막으로, 그 선들은 재료와 빈 공간을 구성하기 위한 경계들을 형성했다.

다중 유압구조와 발광소자 유압구조 Poly and LED Pneus: 기하형상과 구조는 정적인 형태적 틀들로 인식할 필요가 없다. 대신 그것들은 모양 변화가 가능한 동적 조합들로서 생성될 수 있는 패턴들로, 혹은 단지 돌출 부위들만이 아니라 접힘과 짜임, 그리고 교차 지점들을 탐구하는 데에 사용될 수 있는 패턴들로 여길 수 있다. 이렇게 보면, 건물은 더 이상 정적인 오브제가 아니라 패턴들의 능동적인 네트워크가 가능케 하는 상호교환 가능한 힘들의 동적인 평형상태이다. 두 개의 디자인 스터디들이 ETFE 쿠션들의 셀에 기초한 변이들을 탐구했는데, 제어를 위한 그것들의 팽창 가능한 특성들을 사용하고 표면 조명을 활용하였다.

다중 유압구조 Poly Pneu: 하나의 유닛 셀을 복제하여 하나의 벽을 효율적으로 채우려는 시도로서, 주어진 한 용적에 대해 최소면적을 갖는 효율적인 다각형들을 연구하며 시작했다. 가장 효과적인 것은 불규칙한 오각형으로 이루어진 한 십이면체를 두 개의 육각형과 12개의 오각형들을 갖는 한 십사면체와 결합하는 웨이어-펠란Weaire-Phelan 모델이다. 대신 이 프로젝트는 각각 8개의 육각형들과 6개의 정사각형들로 이루어진 다각형들의 배열을 탐구했다. 이런 기하형상은 적절히 포개지는 다양한 공극들을 표현했다. 다른 단면 깊이들을 가진 셀들은 빛과 그늘, 환기, 그리고 단열 특성들을 다르게 하는 데에 활용되었다. 그것은 폭넓게 다양한 스케일에 적용되면서 재구성될 수 있다는 추가적인 이점을 가졌다. 표면 외곽 라인들이 이루는 네트워크는 그 유압 구조를 지지하고 연결하는 리브들을 정의하는 기초를 형성했다.

발광소자 유압구조LED Pneus: 싱가포르에 남아있는 중국식 야외 숭배의

식들을 특징화했다. 이 팽창 가능한 구조는 성격상 임시적이었는데, 셀의 비례들과 조합을 다양화함으로써 매일 이웃에서 일어나는 놀이광경의 한 요소를 의식과 숭배를 위한 상서로운 행사들에 관한 다양한 공간적 구성들로 변형했기 때문이다. 이 비영속적인 형태는 그것의 유압식 셀들 속에 담기는 공기의 압력을 다양화하여 모양을 변화시키고 소리에 반응하는 LED 코드들을 통해 컬러를 변화시켰기 때문에 매우 장식적인 특징과 대비적인 용도에 유용한 특징을 모두 가질 수 있었다. 그 유압식 셀들은 폭넓은 범위의 상징적 구성들과 형태들로 변이되었다. 공간의 질에 변화를 줄 때 빛과 그림자는 팽창 가능한 외피의 표면 재질에 없어서는 안 될 요소였다. 하지만, 동적인 메커니즘들로 이를 탐구했을 때에는 공간과 그 외피에 새로운 특질들이 있었고 그것은 건축을 도시 예술과 랜드스케이프의 영역으로 확장시켰다.

선전의 파편 Shenzhen Shrapnel: 내부 단면들을 통해 빛을 담아내고 끌어들이는 대지적인 문제를 탐구했다. 이 접근은 한 도시 밀집구역에서 사전적으로 정의되는 건물 '박스'로 시작하지 않고, 건물 아래의 접지면으로부터 수직적으로 돌출하는 대기 공간으로 시작했다. 빛으로 형태를 빚는다는 디자인 이슈는 중국의 선전에 있는 밀집된 도시형 마을 위로 새로운 수용 공간을 짓는다는 맥락에서 연구되었다. 이 개념은 기존 도시 조직을 유지하는 가운데 추가적인 주거의 제공을 시도한다. 선전 유산탄 프로젝트는 태양광의 '쐐기들'을 빼고 남은 건물 매스로 개념화되었고, 그 쐐기란 아래에 있는 도시형 마을의 공공 공간들로 자연광이 스며드는 데에 필요한 빈 공간의 용적들을 나타낸다. 중국의 신축 및 개축 개발단지에 요구되는 최소한의 자연광 조건들을 따라, 태양광 '쐐기들'의 용적을 공제한 건물 볼륨의 내부 표면들 주위에 창을 뚫은 표면들을 집중시켰다. 이는 그 새로운 내부공간들로 빛을 끌어들이는 동시에 아래의 기존 건물들과 옛 마을 광장들로의 전망을 만들어내는 효과를 냈다. 지어진 형태들은 표면들로 국한시킬 필요가 있는 구조들을 제안했는데 이는 내부 공간들의 유용성을 유지하기 위함이었다.